普通高等教育"十三五"规划教材
暨智能制造领域人才培养规划教材

控制工程基础习题集

吴华春　石志良　童晓玲
齐洪方　肖书浩　张和平　编著

华中科技大学出版社
中国·武汉

前　言

吴华春、石志良等编著的《控制工程基础》自问世以来，以结构严谨、层次清晰、深入浅出的特点而深受读者的欢迎，被全国许多院校采用。为适应课程改革和更新教学内容的需要，编者在《控制工程基础》原来的编写基础上，对编写内容做了适度的调整，加强了实际案例的分析等内容。本书是配合吴华春、石志良等编著的《控制工程基础》教材而编写的一本习题集。

本书是编者根据在教学过程中积累的一些素材，并参考国内有关优秀教材而编写的学习辅导书，以帮助读者正确理解和应用控制工程基础的基本理论与基本方法。本书在每章的开头以"内容提要"的形式对该章的主要内容进行了说明和归纳总结，紧接着通过若干与教材中不同类型的例题对教材内容进行扩充，以尽量扩展读者的视野。在每章的最后，以二维码的形式给出了习题的参考答案。

本书在内容的安排、问题的描述上，尽量与教材保持一致，但并没有苛求完全相同，而是对教材中的某些问题做了适当的扩展。读者在使用本书时，可以根据自己的实际情况进行取舍。

由于作者水平有限，时间仓促，书中内容难免有疏漏和不妥之处，欢迎广大读者批评、指正，我们将不胜感激。

作　者

2019 年 12 月

目　　录

第1章　绪论 (1)
　　内容提要 (1)
　　例题 (2)
　　习题 (3)

第2章　控制系统的数学模型 (5)
　　内容提要 (5)
　　例题 (6)
　　习题 (19)

第3章　控制系统的时域分析 (30)
　　内容提要 (30)
　　例题 (31)
　　习题 (58)

第4章　控制系统的频域分析 (69)
　　内容提要 (69)
　　例题 (70)
　　习题 (94)

第5章　控制系统的综合与校正 (111)
　　内容提要 (111)
　　例题 (112)
　　习题 (117)

附加参考题 (122)
　　填空题 (122)
　　选择题 (123)
　　简答题 (129)

参考文献 (132)

第1章 绪 论

内 容 提 要

本章引导学生走进控制工程领域,为学生构建本门课程的知识框架,使学生理解控制系统的基本概念、研究对象及任务,了解系统的信息传递、反馈及反馈控制的概念、控制系统的分类、开环控制及闭环控制的区别、闭环控制系统的基本原理和组成、方框图的绘制等。具体内容如下。

1. 控制系统的基本概念

(1) 控制系统:具体的物理元件、相互联系的组合。

(2) 人工控制、自动控制(是否有人工干预)。

(3) 反馈:正反馈、负反馈(送回到输入端的信号与输入信号是否同号)。

(4) 控制系统工作原理:利用偏差,纠正偏差。

(5) 控制系统方框图。

2. 控制系统的分类

(1) 按输入量的特征分为:恒值控制系统、伺服控制系统、程序控制系统。

(2) 按系统中传递信号的性质分为:连续控制系统、离散控制系统。

(3) 按控制策略分为:开环控制系统、闭环控制系统、复合控制系统。

(4) 按描述系统的数学模型分为:线性控制系统、非线性控制系统。

(5) 按系统部件的物理属性分为:机械控制系统、电气控制系统、液压控制系统等。

3. 控制系统的组成

(1) 给定环节。

(2) 放大环节。

(3) 比较环节。

(4) 执行环节。

(5) 反馈环节。

(6) 被控对象。

4. 对控制系统的基本要求

(1) 稳定性。

(2) 准确性。

(3) 快速性。

例　题

例　图 1.1 所示为人工液位控制系统，输入为希望的液位，输出为实际液位。请完成：

（1）绘出该系统的职能方框图；

（2）简单说明其工作原理；

（3）系统主要的扰动信号是什么？

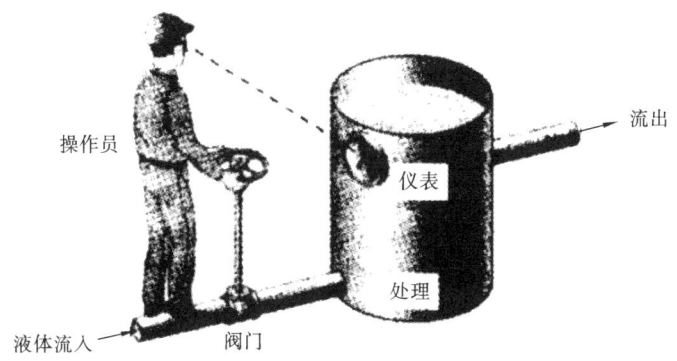

图 1.1　人工液位控制系统

解　（1）系统的职能方框图如图 1.2 所示。

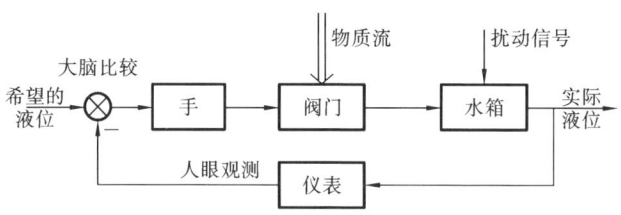

图 1.2　系统的职能方框图

（2）工作原理：仪表检测实际液位，眼睛观测并反馈到大脑，与希望的液位比较得出偏差，根据偏差大小手动操作阀门控制水箱的液位，纠正偏差。

（3）系统主要的扰动信号是从水箱流出的流量。

习　　题

1-1　举出几个日常生活中的开环控制系统和闭环控制系统,试用职能方框图说明它们的工作原理,并比较开环控制系统和闭环控制系统的特点。

1-2　试绘制图 1.3 所示离心调速器的职能方框图,并结合控制系统的性能要求分析其稳定性、快速性和准确性的影响情况。

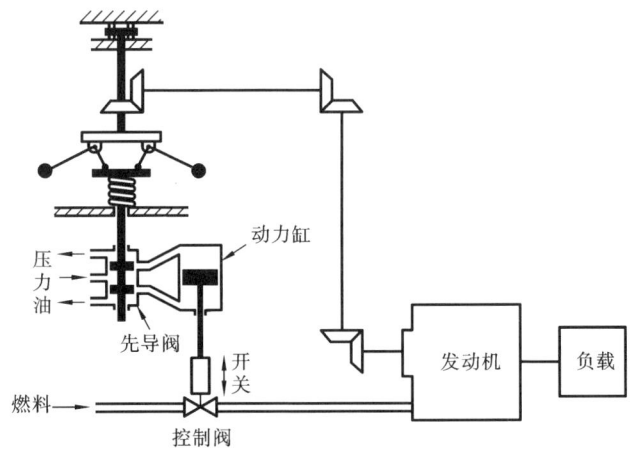

图 1.3　离心调速器

1-3 从实际的生产和生活中找出一个反馈控制的实例,并绘制该系统的职能方框图,分析说明反馈控制的原理,同时指出控制对象、反馈量、被控制量、给定输入量。

(扫描二维码可查看习题参考答案)

第 2 章　控制系统的数学模型

内　容　提　要

分析或设计控制系统,首先需要建立系统的数学模型。数学模型是描述控制系统在信号传递过程中物理特性的数学表达式。本章主要介绍了控制系统微分方程的求解和简化,微分方程转化为代数方程的数学工具——拉氏变换,传递函数的求解及方框图简化等知识。具体内容如下。

（1）将实际物理系统理想化,构成物理模型,而物理模型的数学描述即为数学模型。只有经过仔细的分析和研究,抓住本质的主要因素,忽略次要因素,才能建立起便于研究、基本能反映实际物理过程的数学模型。注意:少数物理系统能使用机理分析法建立系统数学模型,而多数系统则需用实验辨识方法建模。

实际控制系统都是非线性的,但许多系统在一定条件下可以近似地视为线性系统。线性系统具有齐次性和叠加性,有比较完整的统一的分析和设计方法。

（2）微分方程是根据系统动力学特性描述系统的直观数学手段,是控制工程中常用的数学模型。机械、电气和液压系统的微分方程是机电液一体化工程的基础。相似系统为研究不同工程系统提供了另一种途径（功能模拟）。

（3）拉氏变换是将微分方程代数化的数学工具,通过拉氏变换可以将复杂的微积分运算转化为简单的代数运算,使控制系统数学模型的求解和处理变得更加简单。在运用拉氏变换求终值定理时,要注意使用条件:$sF(s)$的全部极点（不包括原点、虚极点）应在 s 平面的左半平面。

（4）在经典控制理论中,对线性单变量定常系统采用描述其输入与输出关系的数学模型。在零初始条件下对系统微分方程作拉氏变换,即可求得系统的传递函数。它说明系统本身特性与输入输出量之间是没有关系的,传递函数不说明所描述的系统的物理结构。不同的物理系统,只要它们的动态特性相同,就可用同一传递函数来描述。

根据运动规律和数学模型的共性,能将比较复杂的系统划分为几种基本环节的组合,再利用传递函数和图解方法便能方便建立系统数学模型。

（5）方框图是研究控制系统的一种较为实用的图解方法,但对于较为复杂的系统,用信号流图更为简便,用梅逊公式能直接求出系统中任意两个变量间的关系。

例 题

例 2-1 利用方框图等效变换、简化方框图求取传递函数,是重要的建模方法。依据这些方法简化图 2.1 所示的系统方框图,求系统传递函数。

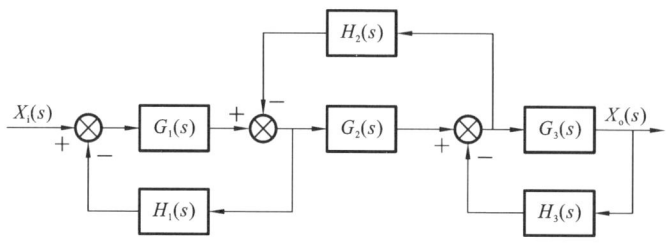

图 2.1 系统方框图(一)

解 系统方框图简化如图 2.2 所示。

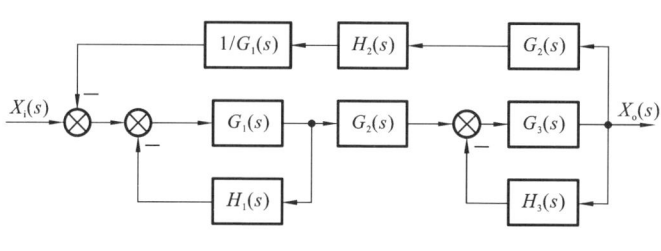

图 2.2 例 2-1 图

将上述方框图再进行 3 次反馈连接运算,即可得传递函数:

$$G(s) = \frac{X_o(s)}{X_i(s)}$$

$$= \frac{G_1(s)G_2(s)G_3(s)}{1+G_1(s)H_1(s)+G_2(s)H_2(s)+G_3(s)H_3(s)+G_1(s)H_1(s)G_3(s)H_3(s)}$$

说明:方框图简化的途径不唯一。

例 2-2 图 2.3 所示为一无源网络系统,请解答以下问题。

(1) 绘制以 $u_i(t)$ 为输入、$u_o(t)$ 为输出的系统方框图;

(2) 求出系统的传递函数 $U_o(s)/U_i(s)$。

解 (1) 系统运动方程为

$$u_i(t) = L\frac{di_L(t)}{dt} + u_o(t)$$

$$u_o(t) = Ri_R(t)$$

$$u_o(t) = \frac{1}{C}\int i_C(t)dt$$

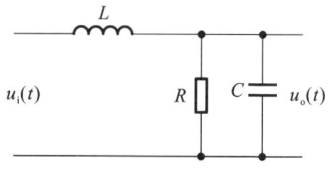

图 2.3 无源网络系统(一)

$$i_L(t) = i_R(t) + i_C(t)$$

通过拉氏变换,绘制系统方框图,如图 2.4 所示。

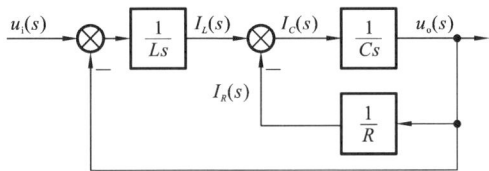

图 2.4 例 2-2 图

(2)简化方框图或者直接整理可得系统传递函数:

$$\frac{U_o(s)}{U_i(s)} = \frac{1}{LCs^2 + \frac{L}{R}s + 1} = \frac{\frac{1}{LC}}{s^2 + \frac{1}{RC}s + \frac{1}{LC}}$$

例 2-3 图 2.5 所示为机械动力学系统模型,请解答以下问题。

(1)绘制以 $x_i(t)$ 为输入、$x_o(t)$ 为输出的系统方框图;

(2)求出系统的传递函数 $X_o(s)/X_i(s)$。

解 (1)系统运动方程为

$$m\frac{d^2 x_o(t)}{dt^2} = f_{K1} + f_B - f_{K2}$$

$$f_{K1} = K_1(x_i - x_o)$$

$$f_B = B\left[\frac{dx_i(t)}{dt} - \frac{dx_o(t)}{dt}\right]$$

$$f_{K2} = K_2 x_o$$

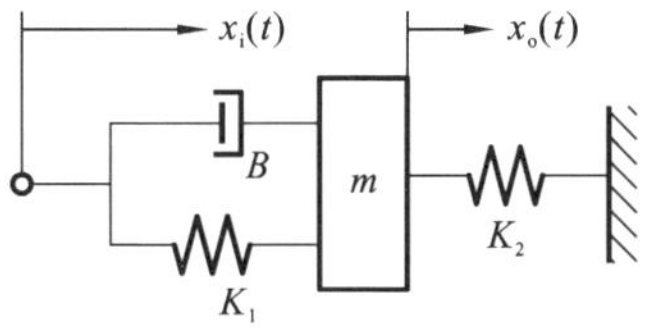

图 2.5 机械动力学系统模型

通过拉氏变换,绘制系统方框图,如图 2.6 所示。

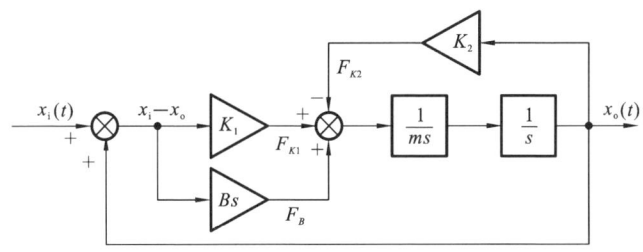

图 2.6 例 2-3 图

(2)简化方框图或者直接整理可得系统传递函数:

$$\frac{X_o(s)}{X_i(s)} = \frac{Bs + K_1}{ms^2 + Bs + (K_1 + K_2)}$$

例 2-4 简化图 2.7 所示的系统方框图,求系统传递函数。

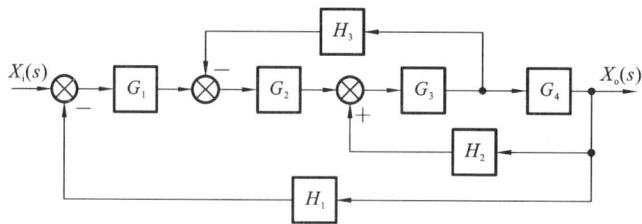

图 2.7 系统方框图(二)

解 (1) 将第 2 个求和点前移到第 3 个求和点,并互换;
(2) 求和点互换后,已经可以作反馈连接运算;
(3) 再进行 2 次反馈连接运算,即可得传递函数。
该系统的传递函数为

$$G(s) = \frac{X_o(s)}{X_i(s)} = \frac{G_1 G_2 G_3 G_4}{1 + G_2 G_3 H_3 - G_3 G_4 H_2 + G_1 G_2 G_3 G_4 H_1}$$

例 2-5 简化图 2.8 所示的系统方框图,并求系统传递函数。

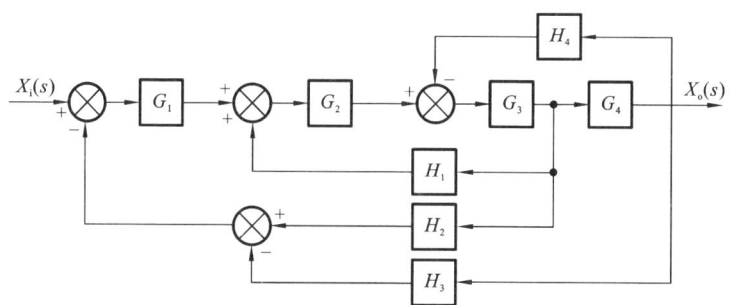

图 2.8 系统方框图(三)

解 (1) 引出点移到 G_4 左边,得图 2.9;

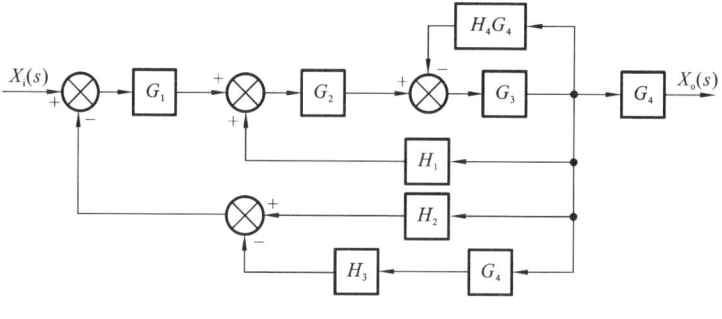

图 2.9 例 2-5 图(一)

(2) 简化反馈通道得图 2.10、图 2.11：

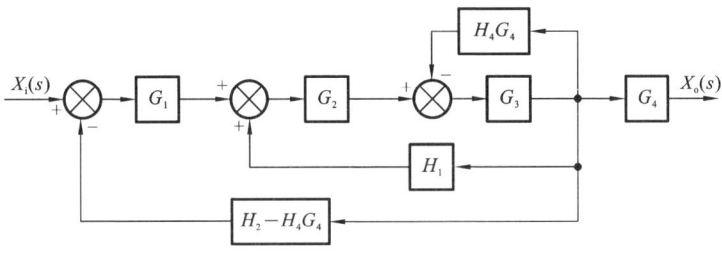

图 2.10 例 2-5 图(二)

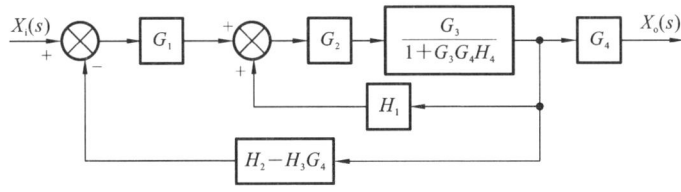

图 2.11 例 2-5 图(三)

(3) 由方框图简化规则得闭环系统的传递函数为

$$G_b(s)=\frac{X_o(s)}{X_i(s)}=\frac{G_1G_2G_3G_4}{1-G_1G_2G_3G_4H_3+G_1G_2G_3H_2-G_2G_3H_1+G_3G_4H_4}$$

例 2-6 试建立图 2.12 所示无源网络系统的动态微分方程，并绘制系统方框图。其中电压 $u_i(t)$ 为系统的输入，$u_o(t)$ 为系统的输出。

解 用 $i(t)$ 表示流过电感的电流，根据基尔霍夫定律，有

$$u_i(t)=Ri(t)+L\frac{di(t)}{dt}+u_o(t) \quad (1)$$

$$u_o(t)=\frac{1}{C}\int i(t)dt \quad (2)$$

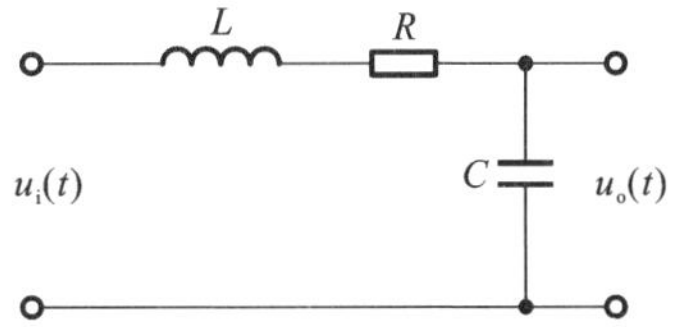

图 2.12 无源网络系统(二)

消去中间变量 $i(t)$，化成标准形式，即得

$$LC\frac{d^2u_o(t)}{dt^2}+RC\frac{du_o(t)}{dt}+u_o(t)=u_i(t)$$

对公式(1)和公式(2)分别进行拉氏变换，原因写在右边，结果写在左边，即

$$I(s)=\frac{U_i(s)-U_o(s)}{(R+Ls)} \quad (3)$$

$$U_o(s)=\frac{1}{Cs}I(s) \quad (4)$$

根据公式(3)和公式(4)，按其正确的因果关系，绘得相应的方框单元，得图 2.13、图 2.14：

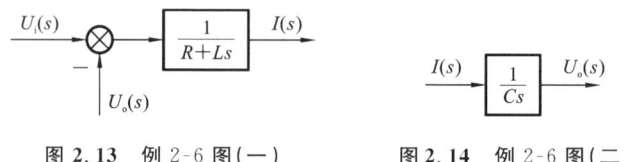

图 2.13 例 2-6 图(一)   图 2.14 例 2-6 图(二)

将各方框单元按信号传递关系正确连接,可得系统方框图,如图 2.15 所示。

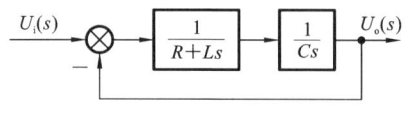

图 2.15 例 2-6 图(三)

例 2-7 请用拉氏变换求解微分方程：$\dfrac{d^2 x(t)}{dt^2} + 2\dfrac{dx(t)}{dt} + 6x(t) = 4$。其中 $x'(0) = 0, x(0) = 0$。

解 对微分方程左边进行拉氏变换：

$$L\left[\dfrac{d^2 x(t)}{dt^2}\right] = s^2 X(s) - sx(0) - x'(0)$$

$$L\left[2\dfrac{dx(t)}{dt}\right] = 2sX(s) - 2x(0)$$

$$L[6x(t)] = 6X(s)$$

利用叠加定理,即得方程左边的拉氏变换：

$$L\left[\dfrac{d^2 x(t)}{dt^2} + 2\dfrac{dx(t)}{dt} + 6x(t)\right] = (s^2 + 2s + 6)X(s)$$

对方程右边进行拉氏变换：

$$L[4] = \dfrac{4}{s}$$

故

$$X(s) = \dfrac{1}{s^2 + 2s + 6} \cdot \dfrac{4}{s}$$

利用部分分式将 $X(s)$ 展开为

$$X(s) = \dfrac{2}{3} \cdot \dfrac{1}{s} - \dfrac{2}{3} \cdot \dfrac{s+1}{(s+1)^2 + 5} - \dfrac{2}{3\sqrt{5}} \cdot \dfrac{\sqrt{5}}{(s+1)^2 + 5}$$

由拉氏反变换得

$$x(t) = \dfrac{2}{3} - \dfrac{2}{3}\cos(\sqrt{5}t)e^{-t} - \dfrac{2\sqrt{5}}{15}\sin(\sqrt{5}t)e^{-t}, \quad t \geq 0$$

例 2-8 图 2.16 所示为某系统的方框图,试求闭环传递函数 $G(s) = \dfrac{X_o(s)}{X_i(s)}$。

解 该系统闭环传递函数为

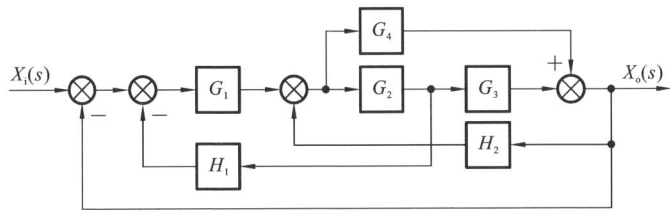

图 2.16 系统方框图(四)

$$G(s)=\frac{X_o(s)}{X_i(s)}=\frac{G_1(G_2G_3+G_4)}{1+(G_2G_3+G_4)(G_1-H_2)+G_1G_2H_1}$$

说明:方框图简化的途径不唯一。

例 2-9 如图 2.17 所示,u_1 为系统的输入电压,u_2 为系统的输出电压,C 为电容,R_1、R_2 为电阻,试求:

(1) 系统的微分方程;

(2) 绘制系统方框图;

(3) 基于方框图简化原则,求解系统传递函数。

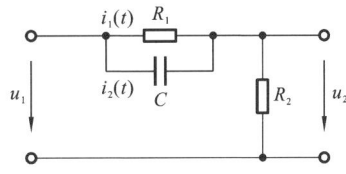

图 2.17 无源网络系统(三)

解 (1) 设中间变量 $i_1(t)$、$i_2(t)$,根据题意有

$$u_1(t)=R_1i_1(t)+u_2(t), \quad u_2(t)=R_2i(t)$$

$$R_1i_1(t)=\frac{1}{C}\int i_2(t)\mathrm{d}t, \quad i(t)=i_1(t)+i_2(t)$$

消去中间变量,整理得系统的微分方程:

$$R_1R_2C\frac{\mathrm{d}u_2(t)}{\mathrm{d}t}+(R_1+R_2)u_2(t)=R_1R_2C\frac{\mathrm{d}u_1(t)}{\mathrm{d}t}+R_2u_1(t)$$

(2) 绘制系统方框图,如图 2.18 所示。

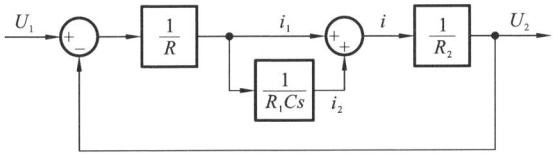

图 2.18 例 2-9 图

(3) 传递函数为

$$G(s)=\frac{R_1R_2Cs+R_2}{R_1R_2Cs+(R_1+R_2)}$$

例 2-10 请用拉氏变换求解微分方程:$\frac{\mathrm{d}^2x(t)}{\mathrm{d}t^2}+2\frac{\mathrm{d}x(t)}{\mathrm{d}t}+5x(t)=3$。其中 $x'(0)=0, x(0)=0$。

解 对方程左边进行拉氏变换:

$$L\left[\frac{d^2x(t)}{dt^2}\right]=s^2X(s)-sx(0)-x'(0)$$

$$L\left[2\frac{dx(t)}{dt}\right]=2sX(s)-2x(0)$$

$$L[5x(t)]=5X(s)$$

依据叠加原理有

$$L\left[\frac{d^2x(t)}{dt^2}+2\frac{dx(t)}{dt}+5x(t)\right]=s^2X(s)-sx(0)-x'(0)+2sX(s)-2x(0)+5X(s)$$

$$=s^2X(s)+2sX(s)+5X(s)$$

对方程右边进行拉氏变换,得

$$L[3]=\frac{3}{s}$$

则有

$$X(s)=\frac{3}{s(s^2+2s+5)}$$

由部分分式法,令

$$X(s)=\frac{3}{s(s^2+2s+5)}=\frac{A_0}{s}+\frac{A_1s+A_2}{s^2+2s+5}$$

其中

$$A_0=[X(s)\cdot s]_{s=0}=\left[\frac{3}{s(s^2+2s+5)}\cdot s\right]_{s=0}=\frac{3}{5}$$

$$\left[\frac{3}{s(s^2+2s+5)}\cdot(s^2+2s+5)\right]_{s=-1+2j}=[A_1s+A_2]_{s=-1+2j}$$

得

$$\frac{3}{-1+2j}=A_1(-1+2j)+A_2$$

由实部、虚部分别相等,得

$$\begin{cases}3A_1+A_2=-3\\-4A_1+2A_2=0\end{cases},\text{即}\begin{cases}A_1=-\frac{3}{5}\\A_2=-\frac{6}{5}\end{cases}$$

则

$$X(s)=\frac{3}{5}\times\frac{1}{s}-\frac{3}{5}\times\frac{s+1}{(s+1)^2+2^2}-\frac{3}{10}\times\frac{2}{(s+1)^2+2^2}$$

由拉氏反变换,得

$$x(t)=\frac{3}{5}-\frac{3}{5}e^{-t}\cos2t-\frac{3}{10}e^{-t}\sin2t,\quad t\geqslant0$$

例 2-11 请用拉氏变换求解微分方程：$\dfrac{d^2 x(t)}{dt^2} + 5\dfrac{dx(t)}{dt} + 6x(t) = 1$。其中 $x'(0) = 0, x(0) = 0$。

解 对微分方程左边进行拉氏变换：

$$L\left[\dfrac{d^2 x(t)}{dt^2}\right] = s^2 X(s) - sx(0) - x'(0)$$

$$L\left[5\dfrac{dx(t)}{dt}\right] = 5sX(s) - 5x(0)$$

$$L[6x(t)] = 6X(s)$$

利用叠加定理，即得方程左边的拉氏变换：

$$L\left[\dfrac{d^2 x(t)}{dt^2} + 5\dfrac{dx(t)}{dt} + 6x(t)\right] = (s^2 + 5s + 6)X(s)$$

对方程右边进行拉氏变换：

$$L[4] = \dfrac{1}{s}$$

得

$$X(s) = \dfrac{1}{s^2 + 5s + 6} \cdot \dfrac{1}{s}$$

利用部分分式将 $X(s)$ 展开为

$$X(s) = \dfrac{1}{6} \cdot \dfrac{1}{s} - \dfrac{1}{2} \cdot \dfrac{1}{s+2} + \dfrac{1}{3} \cdot \dfrac{1}{s+3}$$

由拉氏反变换得

$$x(t) = \dfrac{1}{6} - \dfrac{1}{2}e^{-2t} + \dfrac{1}{3}e^{-3t}, \quad t \geq 0$$

例 2-12 已知某系统的方框图如图 2.19 所示，试求闭环传递函数 $G(s) = \dfrac{X_o(s)}{X_i(s)}$。

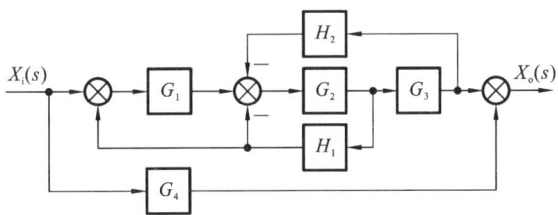

图 2.19　系统方框图（五）

解 该系统的闭环传递函数为

$$G(s) = \dfrac{X_o(s)}{X_i(s)} = \dfrac{G_1 G_2 G_3}{1 + G_2 G_3 H_2 + G_2 H_1 - G_1 G_2 H_1} + G_4$$

说明：简化途径不唯一。

例 2-13 请用拉氏变换求解微分方程：$2\dfrac{d^2x(t)}{dt^2}+7\dfrac{dx(t)}{dt}+3x(t)=1$。其中 $x'(0)=0, x(0)=0$。

解 对微分方程左边进行拉氏变换：

$$L\left[2\dfrac{d^2x(t)}{dt^2}\right]=2s^2X(s)-2sx(0)-2x'(0)$$

$$L\left[7\dfrac{dx(t)}{dt}\right]=7sX(s)-7x(0)$$

$$L[3x(t)]=3X(s)$$

利用叠加定理，即得方程左边的拉氏变换：

$$L\left[2\dfrac{d^2x(t)}{dt^2}+7\dfrac{dx(t)}{dt}+3x(t)\right]=(2s^2+7s+3)X(s)$$

对方程右边进行拉氏变换：

$$L[1]=\dfrac{1}{s}$$

得

$$X(s)=\dfrac{1}{2s^2+7s+3}\cdot\dfrac{1}{s}$$

利用部分分式将 $X(s)$ 展开为

$$X(s)=\dfrac{1}{3}\cdot\dfrac{1}{s}-\dfrac{2}{5}\cdot\dfrac{1}{s+\dfrac{1}{2}}+\dfrac{1}{15}\cdot\dfrac{1}{s+3}$$

由拉氏反变换得

$$x(t)=\dfrac{1}{3}-\dfrac{2}{5}e^{-\frac{1}{2}t}+\dfrac{1}{15}e^{-3t}, \quad t\geqslant 0$$

例 2-14 试建立图 2.20 所示机械系统的动态微分方程，并求系统的传递函数，其中 $f(t)$ 为系统的输入，$x(t)$ 为系统的输出。

解 由于 K_1 和 K_2 串联，因此

$$K=\dfrac{K_1K_2}{K_1+K_2}$$

由牛顿定律得

$$m\dfrac{d^2x(t)}{dt^2}=f(t)-Kx(t)$$

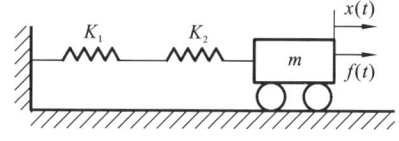

图 2.20 机械系统

消去中间变量 K，化成标准形式，得

$$m\dfrac{d^2x(t)}{dt^2}+\dfrac{K_1K_2}{K_1+K_2}x(t)=f(t)$$

对上式进行拉氏变换，可得系统的传递函数：

$$\dfrac{X(s)}{F(s)}=\dfrac{1}{ms^2+\dfrac{K_1K_2}{K_1+K_2}}$$

例 2-15 利用拉氏变换求解微分方程：$\dfrac{d^2 x(t)}{dt^2} - x(t) = 4\sin t + 5\cos 2t$。其中 $x(0)=1, x'(0)=-2$。

解 对微分方程左边进行拉氏变换：

$$L\left[\dfrac{d^2 x(t)}{dt^2}\right] = s^2 X(s) - s x(0) - x'(0)$$

$$L[x(t)] = X(s)$$

利用叠加定理，即得方程左边的拉氏变换：

$$L\left[\dfrac{d^2 x(t)}{dt^2} - x(t)\right] = s^2 X(s) - s x(0) - x'(0) - X(s) = (s^2 - 1) X(s) - s + 2$$

对方程右边进行拉氏变换：

$$L[4\sin t + 5\cos 2t] = \dfrac{4}{s^2+1} + \dfrac{5s}{s^2+4}$$

得

$$X(s) = \dfrac{s-2 + 4 \cdot \dfrac{1}{s^2+1} + 5 \cdot \dfrac{s}{s^2+4}}{s^2-1} = \dfrac{s-2}{s^2-1} + \dfrac{4}{(s^2+1)(s^2-1)} + \dfrac{5s}{(s^2+4)(s^2-1)}$$

利用部分分式将 $X(s)$ 展开为

$$X(s) = \dfrac{1}{s+1} + \dfrac{1}{s-1} - 2 \cdot \dfrac{1}{s^2+1} - \dfrac{s}{s^2+4}$$

由拉氏反变换得

$$x(t) = e^{-t} + e^{t} - 2\sin t - \cos 2t, \quad t \geqslant 0$$

例 2-16 请用拉氏变换求解微分方程：$\dfrac{d^3 x(t)}{dt^3} + 3\dfrac{d^2 x(t)}{dt^2} + 3\dfrac{dx(t)}{dt} + x(t) = 1$。其中 $x''(0)=0, x'(0)=0, x(0)=0$。

解 对微分方程左边进行拉氏变换：

$$L\left[\dfrac{d^3 x(t)}{dt^3}\right] = s^3 X(s) - s^2 x(0) - s x'(0) - x''(0) = s^3 X(s)$$

$$L\left[3\dfrac{d^2 x(t)}{dt^2}\right] = 3s^2 X(s) - 3s x(0) - 3x'(0) = 3s^2 X(s)$$

$$L\left[3\dfrac{dx(t)}{dt}\right] = 3s X(s) - 3x(0) = 3s X(s)$$

$$L[x(t)] = X(s)$$

利用叠加定理，即得方程左边的拉氏变换：

$$L\left[\dfrac{d^3 x(t)}{dt^3} + 3\dfrac{d^2 x(t)}{dt^2} + 3\dfrac{dx(t)}{dt} + x(t)\right] = (s^3 + 3s^2 + 3s + 1) X(s)$$

对方程右边进行拉氏变换：

$$L[1] = \dfrac{1}{s}$$

得
$$X(s)=\frac{1}{s^3+3s^2+3s+1}\cdot\frac{1}{s}$$

利用部分分式将 $X(s)$ 展开为
$$X(s)=\frac{1}{s}-\frac{1}{s+1}-\frac{1}{(s+1)^2}-\frac{1}{(s+1)^3}$$

由拉氏反变换得
$$x(t)=1-\mathrm{e}^{-t}-t\mathrm{e}^{-t}-\frac{1}{2}t^2\mathrm{e}^{-t},\quad t\geqslant 0$$

例 2-17 某无源网络系统如图 2.21 所示，其中 u_i 为系统的输入，u_o 为系统的输出，R_1、R_2、R_3、R_4 为电阻，C_1、C_2 为电容，试求系统的传递函数。

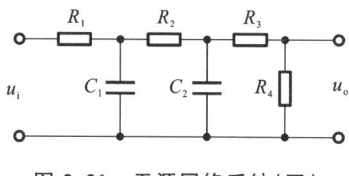

图 2.21 无源网络系统（四）

解 根据电压平衡方程式求解，并由拉氏变换得到系统的传递函数为
$$G(s)=\frac{1}{T_1T_2s^2+\left[T_2\left(1+\frac{R_1}{R_2}\right)+T_1\frac{R_2+R_3+R_4}{R_4}\right]s+K}$$

$$T_1=R_1C_1,\quad T_2=\frac{R_3+R_4}{R_4}R_2C_2,\quad K=\frac{R_1+R_2+R_3+R_4}{R_4}$$

例 2-18 已知初始条件为零，某系统在输入信号 $x_\mathrm{i}(t)=1+t$ 的作用下，输出响应为 $x_\mathrm{o}(t)=(t+0.9)-0.9\mathrm{e}^{-10t}$，试求系统的传递函数 $G(s)$。

解 输入信号的拉氏变换为
$$X_\mathrm{i}(s)=\frac{1}{s}+\frac{1}{s^2}=\frac{s+1}{s^2}$$

输出信号的拉氏变换为
$$X_\mathrm{o}(s)=\frac{0.9}{s}+\frac{1}{s^2}-\frac{0.9}{s+10}=\frac{10(s+1)}{s^2(s+10)}=\frac{(s+1)}{s^2}\cdot\frac{10}{(s+10)}$$

系统的传递函数为
$$G(s)=\frac{10}{s+10}$$

例 2-19 已知单位负反馈控制系统的开环传递函数 $G_\mathrm{k}(s)=\frac{4}{s(s+5)}$，求：

（1）单位阶跃响应；

（2）单位脉冲响应。

解 系统闭环传递函数为

$$G(s)=\frac{4}{s^2+5s+4}=\frac{4}{(s+1)(s+4)}$$

(1) 单位阶跃输入时,$X_i(s)=\dfrac{1}{s}$,则

$$X_o(s)=\frac{4}{s(s+1)(s+4)}=\frac{1}{s}-\frac{4}{3}\cdot\frac{1}{s+1}+\frac{1}{3}\cdot\frac{1}{s+4}$$

单位阶跃响应为

$$x_{o1}(t)=\frac{4}{s(s+1)(s+4)}=1-\frac{4}{3}{\rm e}^{-t}+\frac{1}{3}{\rm e}^{-4t}$$

(2) 单位脉冲响应为

$$x_{o\delta}(t)=x'_{o1}(t)$$

即

$$x_{o\delta}(t)=\frac{4}{3}{\rm e}^{-t}-\frac{4}{3}{\rm e}^{-4t}$$

例 2-20 基于方框图简化法则,试求图 2.22 所示系统方框图对应的传递函数。

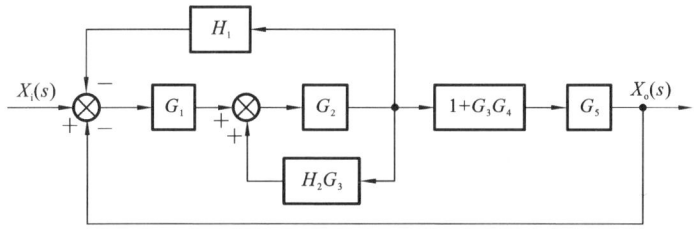

图 2.22 系统方框图(六)

解 根据方框图简化规则,可得对应的传递函数为

$$\frac{X_o(s)}{X_i(s)}=\frac{G_1G_2G_5+G_1G_2G_3G_4G_5}{1+G_1G_2H_1+(1+G_3G_4)G_1G_2G_5-G_2G_3H_2}$$

例 2-21 某无源网络系统如图 2.23 所示,其中,$u_i(t)$ 为系统的输入,$u_o(t)$ 为系统的输出,R_1、R_2 为电阻,C 为电容。试求系统的传递函数。

解 设回路电流为 $i(t)$,根据基尔霍夫定律有

$$\begin{cases}u_i(t)=R_1i(t)+u_o(t)\\ u_o(t)=\dfrac{1}{C}\displaystyle\int i(t){\rm d}t+R_2i(t)\end{cases}$$

$$\begin{cases}U_i(s)=R_1I(s)+U_o(s)\\ U_o(s)=\dfrac{1}{Cs}I(s)+R_2I(s)\end{cases}$$

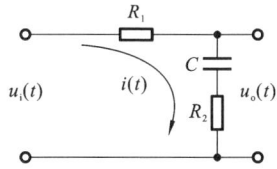

图 2.23 无源网络系统(五)

传递函数为

$$G(s)=\frac{U_o(s)}{U_i(s)}=\frac{R_2Cs}{(R_1+R_2)Cs+1}$$

例 2-22 如图 2.24 所示为机械平移系统，c_1、c_2 为阻尼系数，m 为质量，x_i 为输入，x_o 为输出。试求系统的传递函数。

解 由牛顿定律有

$$c_1\left(\frac{\mathrm{d}x_i}{\mathrm{d}t} - \frac{\mathrm{d}x_o}{\mathrm{d}t}\right) - c_2\frac{\mathrm{d}x_o}{\mathrm{d}t} = m\frac{\mathrm{d}^2 x_o}{\mathrm{d}t^2}$$

即

$$m\frac{\mathrm{d}^2 x_o}{\mathrm{d}t^2} + (c_1 + c_2)\frac{\mathrm{d}x_o}{\mathrm{d}t} = c_1\frac{\mathrm{d}x_i}{\mathrm{d}t}$$

对微分方程进行拉氏变换：

$$ms^2 X_o(s) + (c_1 + c_2)s X_o(s) = c_1 s X_i(s)$$

求得传递函数为

$$G(s) = \frac{c_1}{ms + (c_1 + c_2)}s$$

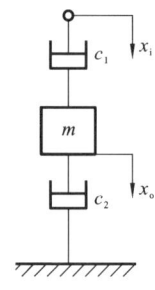

图 2.24 机械平移系统

例 2-23 某系统方框图如图 2.25 所示，$X_i(s)$ 为输入、$X_o(s)$ 为输出。试求该系统的开环传递函数及闭环传递函数。

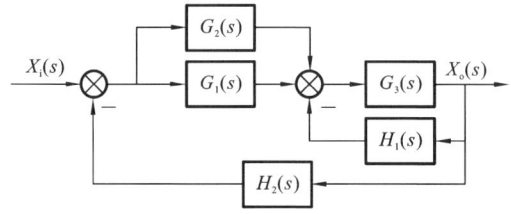

图 2.25 系统方框图(七)

解 系统开环传递函数为

$$G_k(s) = [G_1(s) + G_2(s)]\frac{G_3(s)}{1 + G_3(s)H_1(s)}H_2(s)$$

$$= \frac{[G_1(s) + G_2(s)]G_3(s)H_2(s)}{1 + G_3(s)H_1(s)}$$

（2）系统闭环传递函数为

$$G_b(s) = \frac{[G_1(s) + G_2(s)]G_3(s)}{1 + G_3(s)H_1(s) + [G_1(s) + G_2(s)]G_3(s)H_2(s)}$$

习 题

2-1 图 2.26 所示为 3 个机械系统,其中 c 为阻尼系数,k 为弹簧刚度系数。列写输入 x_i 与输出 x_o 之间的微分方程。

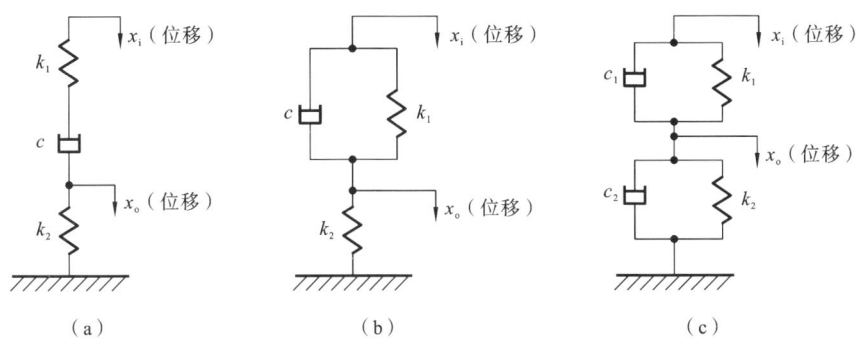

图 2.26 题 2-1 图

2-2 图 2.27 所示为一质量块、弹簧和阻尼器组成的机械系统,其中 m 为质量,c_1、c_2 为阻尼系数,k_1、k_2 为弹簧刚度系数,试列写输入 $f(t)$ 与输出 $y(t)$ 之间的微分方程。

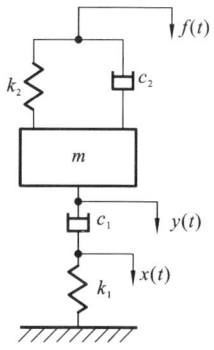

图 2.27　题 2-2 图

2-3 已知 $F(s)=\dfrac{1}{(s+3)^2}$,解答下列问题。

(1) 利用初值定理求 $f(0)$ 和 $f'(0)$ 的值。

(2) 通过拉氏反变换方法求取 $f(0)$ 和 $f'(0)$ 的值。

2-4 试求下列象函数的拉氏反变换。

(1) $F(s) = \dfrac{s+1}{s^2 - 3s + 2}$

(2) $F(s) = \dfrac{10}{(s+1)^2(s+2)}$

(3) $F(s) = \dfrac{2(s+1)}{s(s^2 + s + 2)}$

(4) $F(s) = \dfrac{s^2 + 2s + 3}{(s+1)^3}$

2-5 求如图 2.28 所示波形表示的函数的拉氏变换。

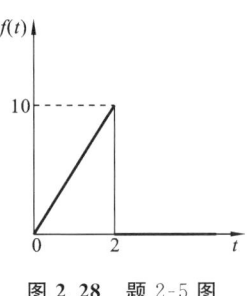

图 2.28 题 2-5 图

2-6 图 2.29 所示为 3 个电网络系统,其中 u_i 为输入电压,u_o 为输出电压,i 为电流,R_1、R_2 为电阻,L 为电感,C、C_1、C_2 为电容,试写出 u_o 和 u_i 之间的微分方程和传递函数。

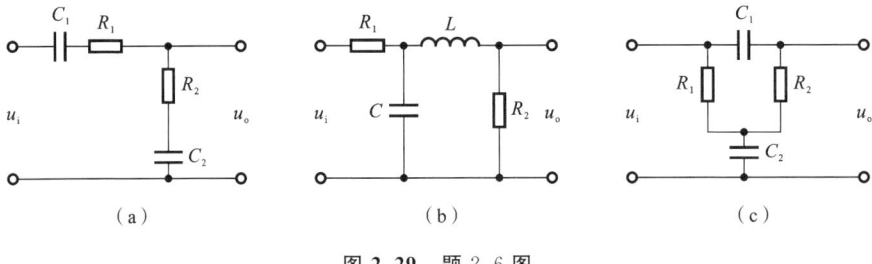

图 2.29 题 2-6 图

2-7 试求图 2.30 所示机械系统输入 $f(t)$ 与输出 $y(t)$ 之间的运动微分方程和传递函数。其中，m 为质量，c 为阻尼系数，k 为弹簧刚度系数。

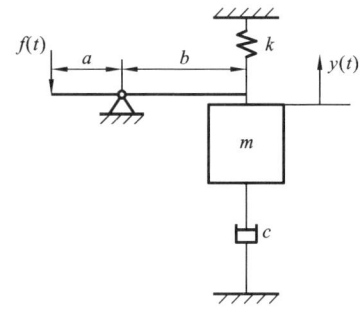

图 2.30　题 2-7 图

2-8 证明图 2.31(a)、图 2.31(b)所示的两系统具有相同形式的传递函数。

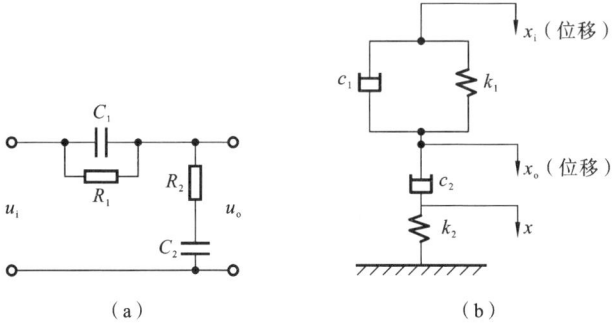

图 2.31　题 2-8 图

2-9 若线性定常系统在单位阶跃输入下的输出为 $x_o(t)=1+\mathrm{e}^{-2t}-2\mathrm{e}^{-t}$。试求系统的传递函数。

2-10 根据方框图的简化法则,求图 2.32 所示系统的传递函数。

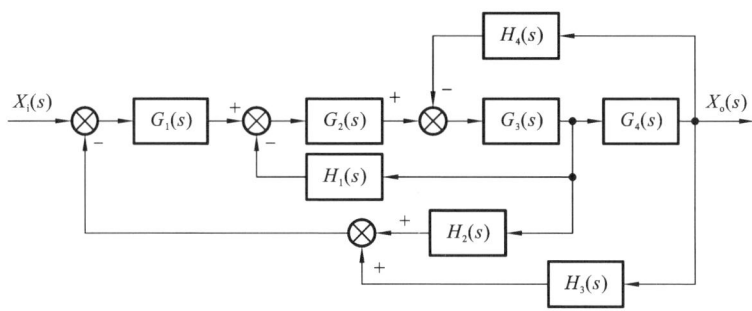

图 2.32 题 2-10 图

2-11 图 2.33 所示为两系统的方框图，试利用梅逊公式分别求其传递函数。

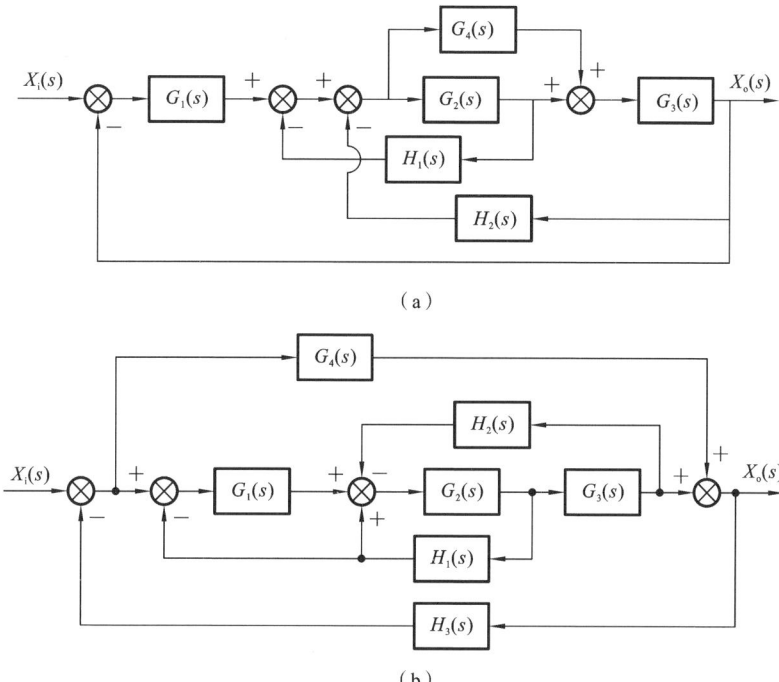

图 2.33 题 2-11 图

2-12 图 2.34 所示为一系统的信号流图。试求该系统的传递函数。

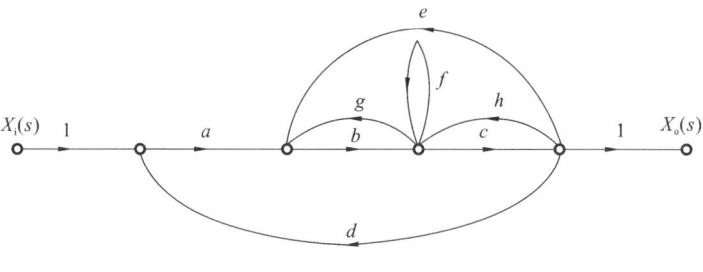

图 2.34 题 2-12 图

2-13 试求图 2.35 所示系统的传递函数 $\dfrac{C(s)}{R(s)}$ 和 $\dfrac{C(s)}{N(s)}$。

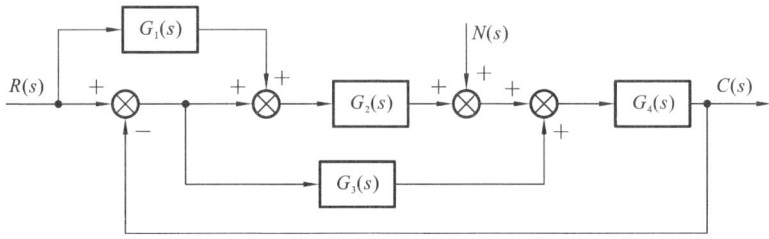

图 2.35 题 2-13 图

第3章 控制系统的时域分析

内 容 提 要

本章阐述了通过系统的时间响应去分析系统的稳定性,以及瞬态和稳态响应的问题,即稳、准、快。具体内容如下。

(1) 系统的稳定性及响应性能都由描述系统的微分方程的解所确定,也由系统的响应给出。由控制系统的典型实验信号及时间响应的性能指标来评判系统响应性能的好坏。

(2) 线性定常一、二阶系统的时间响应不难由解析法求得,从中可以看出:系统的结构、参数与参量决定了系统的传递函数;系统传递函数分子、分母多项式的各项系数决定了传递函数的零点、极点在 s 平面的分布,也就决定了系统的时间响应;系统的响应表征了系统的性能。

(3) 对于线性定常一、二阶系统,能够得出系统的结构、参数与系统性能之间明确的解析关系式。这些解析关系式不但能用来分析系统的性能,而且能用来设计系统。

(4) 线性定常高阶系统的时间响应可以表示为一、二阶系统响应的合成。其中远离虚轴的极点对高阶系统的响应影响甚微,由此引出高阶系统的主导极点的概念。于是可以不需要求解高阶系统的响应,而是借助二阶系统的理论去分析甚至设计系统。

(5) 线性定常系统稳定的充分必要条件是:其传递函数的极点全部位于 s 平面的左半平面。为判断系统的稳定性并不需要求解出传递函数的极点。从传递函数分母多项式系数就能够求出极点的位置,这就是判别系统稳定性的一种间接的代数方法——劳斯判据。

(6) 系统的稳态误差不但与系统的结构及参数有关,而且与输入(或扰动)的形式密切相关。掌握稳态误差的定义、求取方法,以及减小稳态误差的基本方法。只有在保证系统稳定的前提下,才能讨论稳态指标和瞬态指标,才可通过增加系统类型及开环增益来减小稳态误差。

例　题

例 3-1　某系统在零初始条件下的单位阶跃响应为 $x_o(t)=1-e^{-2t}+e^{-t}$，求出该系统的传递函数和单位脉冲响应。

解　依题意，输入为

$$X_i(s)=\frac{1}{s}$$

将系统的响应进行拉氏变换，输出为

$$X_o(s)=\frac{1}{s}-\frac{1}{s+2}+\frac{1}{s+1}=\frac{s^2+4s+2}{s(s+2)(s+1)}$$

按传递函数概念，有

$$G(s)=\frac{X_o(s)}{X_i(s)}=\frac{s^2+4s+2}{s^2+3s+2}$$

单位脉冲响应为

$$x_o(t)=2e^{-2t}-e^{-t}$$

例 3-2　(1) 用绘图的方法表示出系统的时域动态性能指标；

(2) 说明哪些指标描述系统响应的平稳性，哪些指标描述系统响应的快速性，并说明为什么。

解　(1) 系统的时域动态性能指标如图 3.1 所示。

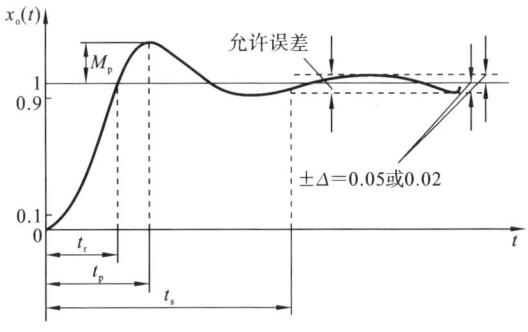

图 3.1　例 3-2 图

(2) 上升时间 t_r、峰值时间 t_p、调整时间 t_s 表征系统响应快速性；$M_p(\sigma,p)$ 表征系统响应平稳性。

因为 $t_r,t_p,t_s=f(\xi,\omega_n)$，系统无阻尼自然振荡频率高，系统响应快，这些时间短；$M_p(\sigma,p)=f(\xi)$，最大超调量仅仅是阻尼比的函数，阻尼比增大，最大超调量减小，系统响应平稳性变好。

例 3-3 已知单位反馈系统的开环传递函数为 $G_k(s)=\dfrac{K}{s(s+1)(s+2)}$，用劳斯判据列出劳斯阵列，确定系统能稳定工作时开环增益 K 的取值范围。

解 闭环系统特征多项式为
$$s^3+3s^2+2s+K=0$$

列出劳斯阵列：

s^3	1	2
s^2	3	K
s^1	$\dfrac{6-K}{3}$	0
s^0	K	0

求得
$$0<K<6$$

例 3-4 已知某单位负反馈控制系统的开环传递函数为 $G_k(s)=\dfrac{5}{s^5+2s^4+s^3+s^2+4s}$，试分析系统的稳定性。

解 由题可知，系统闭环传递函数为
$$G_b(s)=\dfrac{5}{s^5+2s^4+s^3+3s^2+4s+5}$$

特征方程为
$$s^5+2s^4+s^3+3s^2+4s+5=0$$

列劳斯阵列：

s^5	1	1	4	0
s^4	2	3	5	0
s^3	-0.5	1.5	0	
s^2	9	5	0	
s^1	$\dfrac{16}{9}$	0		
s^0	5			

第一列元素有 -0.5，故系统闭环不稳定。

例 3-5 已知系统传递函数为 $G(s)=\dfrac{K}{1+Ts}$，试求：

(1) 系统的幅频特性、相频特性；

(2) 输入为 $x_i(t)=A\sin\omega t$ 时，系统的稳态响应 $x_o(t)$。

解 (1) 频率特性、幅频特性、相频特性分别为
$$W(j\omega)=\dfrac{K}{j\omega T+1+K}$$

$$A(\omega) = \frac{K}{\sqrt{(1+K)^2 + (\omega T)^2}}$$

$$\varphi(\omega) = -\arctan \frac{\omega T}{1+K}$$

（2）系统的稳态响应为

$$x_o(t) = A \frac{K}{\sqrt{(1+K)^2 + (\omega T)^2}} \sin\left(\omega t - \arctan \frac{\omega T}{1+K}\right)$$

例 3-6 已知单位反馈系统的开环传递函数为 $G_k(s) = \dfrac{\omega_n^2 K}{s(s^2 + 2\xi\omega_n s + \omega_n^2)}$，用劳斯判据列出劳斯阵列，确定系统能稳定工作时 K 的取值范围。

解 已知系统的开环传递函数为

$$G_k(s) = \frac{\omega_n^2 K}{s(s^2 + 2\xi\omega_n s + \omega_n^2)}$$

则该系统的闭环传递函数为

$$G_b(s) = \frac{X_o(s)}{X_i(s)} = \frac{\omega_n^2 K}{s(s^2 + 2\xi\omega_n s + \omega_n^2) + \omega_n^2 K} = \frac{\omega_n^2 K}{s^3 + 2\xi\omega_n s^2 + \omega_n^2 s + \omega_n^2 K}$$

特征方程为

$$s^3 + 2\xi\omega_n s^2 + \omega_n^3 s + \omega_n^2 K = 0$$

劳斯阵列如下：

s^3	1	ω_n^2	0
s^2	$2\xi\omega_n$	$\omega_n^2 K$	0
s^1	$\dfrac{2\xi\omega_n^2 - \omega_n K}{2\xi}$	0	
s^0	$\omega_n^2 K$	0	

（1）由于系统稳定工作，因此有 $\omega_n^2 K > 0$，即 $K > 0$。

（2）同时，有 $\dfrac{2\xi\omega_n^2 - \omega_n K}{2\xi} > 0$，即 $k < 2\xi\omega_n$，因此，k 的取值范围为 $0 < k < 2\xi\omega_n$。

例 3-7 图 3.2 所示为有速度反馈的控制系统方框图，k 为速度反馈系数。与欠阻尼二阶系统进行比较，试求：

（1）$k = 0$，即无速度反馈时，系统的阻尼比 ξ、无阻尼自振频率 ω_n；单位斜坡输入

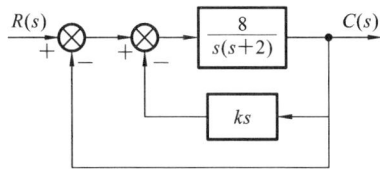

图 3.2 有速度反馈的控制系统方框图

时系统的稳态误差。

（2）$k=0.245$，即有速度反馈时，系统的阻尼比 ξ 和无阻尼自振频率 ω_n；单位斜坡输入时系统的稳态误差。

（3）定性分析引入速度反馈对系统动态性能的影响。

解 （1）$k=0$，单位反馈二阶系统的开环传递函数为

$$G(s)H(s)=\frac{\omega_n^2}{s(s+2\xi\omega_n)}=\frac{8}{s(s+2)}$$

因此

$$\omega_n=2.828 \text{ rad/s}, \quad \xi=0.354$$

开环增益 $K=4$，斜坡输入时，系统的稳态误差为 $e_{ss}=\frac{1}{K}=0.25$。

（2）$k=0.245$，单位反馈二阶系统的开环传递函数为

$$G(s)H(s)=\frac{\omega_n^2}{s(s+2\xi\omega_n)}=\frac{8}{s(s+2+8k)}=\frac{8}{s(s+3.96)}$$

因此

$$\omega_n=2.828 \text{ rad/s}, \quad \xi=0.70$$

开环增益 $K=2.02$，斜坡输入时，系统的稳态误差为 $e_{ss}=\frac{1}{K}=0.495$。

（3）速度反馈引入后，系统无阻尼自然振荡频率不变，不影响系统响应快速性；系统阻尼比增大，改善了系统响应平稳性，超调减小；系统开环增益减小，系统稳态误差增大。

例 3-8 已知系统的特征方程为 $s^4+3s^3+6s^2+3s+6=0$，判断该系统的稳定性；若该闭环系统不稳定，请指出在复平面 s 右半平面的极点个数。

解 首先，特征方程的各项系数均大于零，满足系统稳定的必要条件。其次，劳斯阵列如下：

$$\begin{array}{c|ccc} s^4 & 1 & 6 & 6 \\ s^3 & 3 & 3 & 0 \\ s^2 & 5 & 6 & 0 \\ s^1 & -\frac{3}{5} & 0 & \\ s^0 & 6 & & \end{array}$$

由劳斯阵列的第一列可以看出，元素的符号不全为正号，所以系统不稳定。

第一列中元素的符号改变了两次，这说明系统的特征方程有两个正实部的根，即在复平面 s 的右半平面的极点数为 2。

例 3-9 图 3.3 所示为某系统方框图，若系统输入的控制信号为 $x_i(t)=3+8t+5t^2$，求这个系统的稳态误差。

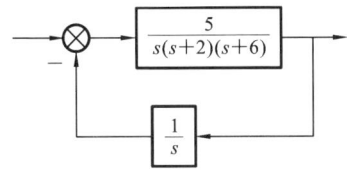

图 3.3　系统方框图(一)

解　系统的开环传递函数为

$$G(s)H(s)=\frac{5}{s(s+2)(s+6)}\frac{1}{s}=\frac{\frac{5}{12}}{s^2(0.5s+1)\left(\frac{1}{6}s+1\right)}$$

显然,系统为Ⅱ型系统,其开环增益 $K=5/12$,则有 $K_p=\infty, K_v=\infty, K_a=K=5/12$。

可得系统的稳态误差为

$$e_{ss}=\frac{1}{H(0)}\left(\frac{3}{1+K_p}+\frac{8}{K_v}+\frac{10}{K_a}\right)=0\times\left(\frac{3}{1+\infty}+\frac{8}{\infty}+\frac{10}{\frac{5}{12}}\right)=0$$

例 3-10　图 3.4 所示为某系统方框图,试求下列问题。

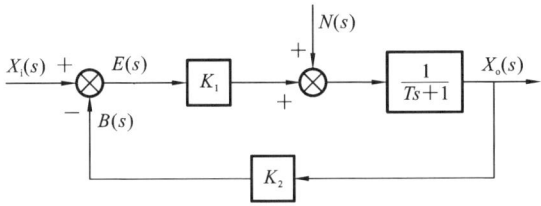

图 3.4　系统方框图(二)

(1) $X_i(s)\neq 0, N(s)=0$ 时:

① $E(s)$ 到 $X_o(s)$ 的前向通道传递函数 $G(s)$;

② $E(s)$ 到 $B(s)$ 的开环传递函数 $G_k(s)$;

③ $X_i(s)$ 到 $E(s)$ 的偏差传递函数 $G_e(s)$;

④ $X_i(s)$ 到 $X_o(s)$ 的闭环传递函数 $G_b(s)$。

(2) $X_i(s)\neq 0, N(s)\neq 0$ 时的系统输出 $X_o(s)$。

解　(1) ① $E(s)$ 到 $X_o(s)$ 的前向通道框图如图 3.5 所示。

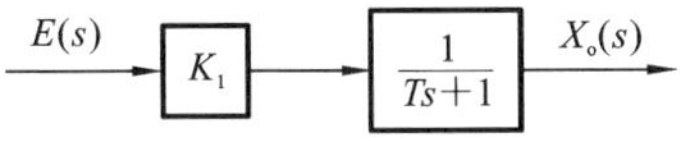

$$E(s) \longrightarrow \boxed{K_1} \longrightarrow \boxed{\frac{1}{Ts+1}} \longrightarrow X_o(s)$$

图 3.5　例 3-10 图(一)

前向通道传递函数为

$$G(s)=\frac{K_1}{Ts+1}$$

② $E(s)$ 到 $B(s)$ 的开环系统框图如图 3.6 所示。

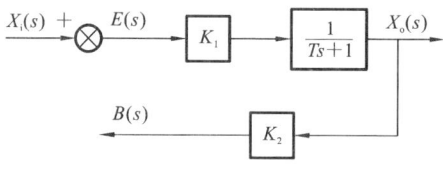

图 3.6　例 3-10 图(二)

开环传递函数为

$$G_k(s)=\frac{K_1 K_2}{Ts+1}$$

③ $X_i(s)$ 到 $E(s)$ 的偏差系统框图如图 3.7 所示。

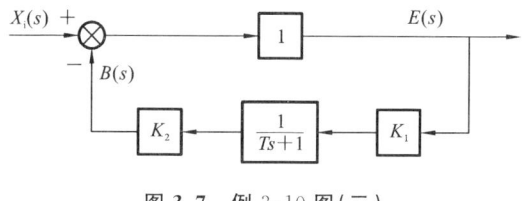

图 3.7　例 3-10 图(三)

偏差传递函数为

$$G_e(s)=\frac{1}{1+K_1 K_2 \dfrac{1}{Ts+1}}=\frac{Ts+1}{K_1 K_2+(Ts+1)}$$

④ $X_i(s)$ 到 $X_o(s)$ 的闭环传递函数为

$$G_b(s)=\frac{\dfrac{K_1}{Ts+1}}{1+K_1 K_2 \dfrac{1}{Ts+1}}=\frac{K_1}{K_1 K_2+(Ts+1)}$$

(2) 当 $X_i(s)\neq 0, N(s)=0$ 时,有

$$X_{o1}(s)=X_i(s)G_b(s)=\frac{K_1}{K_1 K_2+(Ts+1)}X_i(s)$$

当 $X_i(s)=0, N(s)\neq 0$ 时,系统框图可简化如图 3.8 所示。

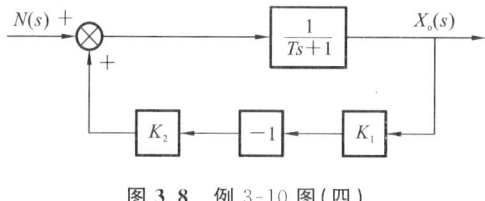

图 3.8　例 3-10 图(四)

$$X_{o2}(s) = N(s)G_N(s) = \frac{\dfrac{1}{Ts+1}}{1+K_1K_2\dfrac{1}{Ts+1}}N(s) = \frac{1}{K_1K_2+Ts+1}N(s)$$

当 $X_i(s) \neq 0, N(s) \neq 0$ 时，有

$$X_o(s) = X_{o1}(s) + X_{o2}(s) = \frac{K_1}{K_1K_2+Ts+1}X_i(s) + \frac{1}{K_1K_2+Ts+1}N(s)$$

例 3-11 一个单位反馈系统的开环传递函数为 $G(s)H(s) = \dfrac{10(s+a)}{s(s+2)(s+3)}$，试确定使系统稳定的 a 值。

解 系统闭环传递函数为

$$G_b(s) = \frac{10(s+a)}{s^3+5s^2+16s+10a}$$

特征方程为

$$s^3+5s^2+16s+10a = 0$$

则劳思阵列为

$$\begin{array}{c|cc}
s^3 & 1 & 16 \\
s^2 & 5 & 10a \\
s^1 & 16-2a & 0 \\
s^0 & 10a &
\end{array}$$

根据劳思判据有

$$\begin{cases} 16-2a>0 \\ 10a>0 \end{cases}$$

得 $0<a<8$，系统稳定。

例 3-12 某单位反馈系统的开环传递函数 $G(s) = \dfrac{k}{s(s+1)(s+5)}$，求输入斜坡信号 $x(t) = \begin{cases} Rt & t \geq 0 \\ 0 & t<0 \end{cases}$，且系统的稳态误差 $e_{ss}=0.01$ 时的 k 值。

解 开环传递函数可化成

$$G(s) = \frac{\dfrac{k}{5}}{s(s+1)(0.2s+1)}$$

斜坡函数输入 $x(t) = Rt$，即

$$X(s) = \frac{R}{s^2}$$

由于系统为 I 型，且为单位反馈系统，因此

$$e_{ss}=\frac{R}{K_v}=\frac{R}{\frac{k}{5}}=\frac{5R}{k}=0.01$$

$$k=\frac{5R}{0.01}=500R$$

例 3-13 机器人抓取负载后,可能使机器人产生偏差。已知某机器人关节控制系统为一个单位负反馈系统,其开环传递函数为 $G(s)=\dfrac{25}{s(s+5)}$,求输入信号为 $r(t)=1+2t+0.5t^2$ 时的稳态误差 e_{ss}。

解 由题意得传递函数为

$$G(s)=\frac{25}{s(s+5)}=\frac{5}{s(0.2s+1)}$$

因此

$$\begin{cases}K=5\\v=1\end{cases}$$

则有

$$K_p=\infty,\quad K_v=K=5,\quad K_a=0$$

当 $r_1(t)=1(t)$ 时:

$$e_{ss1}=\frac{1}{1+K_p}=0$$

当 $r_2(t)=2t$ 时:

$$e_{ss2}=\frac{A}{K_v}=\frac{2}{5}=0.4$$

当 $r_3(t)=0.5t^2$ 时:

$$e_{ss3}=\frac{A}{K_a}=\frac{1}{0}=\infty$$

由叠加原理:

$$e_{ss}=e_{ss1}+e_{ss2}+e_{ss3}=\infty$$

例 3-14 已知单位反馈系统的开环传递函数为 $G(s)H(s)=\dfrac{K(s+1)}{s(s+2)(s+3)}$,用劳斯判据列出劳斯阵列,确定系统能稳定工作时开环增益 K 的取值范围。

解 系统开环传递函数为

$$G(s)H(s)=\frac{K(s+1)}{s(s+2)(s+3)}$$

则系统闭环传递函数为

$$G(s)=\frac{K(s+1)}{s^3+5s^2+(K+6)s+K}$$

特征方程为

$$D(s)=s^3+5s^2+(K+6)s+K=0$$

劳斯阵列：

$$\begin{array}{c|cc} s^3 & 1 & K+6 \\ s^2 & 5 & K \\ s^1 & \dfrac{4K-30}{5} & 0 \\ s^0 & K & \end{array}$$

系统稳定的条件为

$$\begin{cases} 4K-30>0 \\ K>0 \end{cases}$$

故使系统稳定的 K 值范围是：$0<K<7.5$。

例 3-15 图 3.9 所示为某系统方框图，当系统输入的控制信号为 $x_i(t)=4+6t+3t^2$ 时，求这个系统的稳态误差。

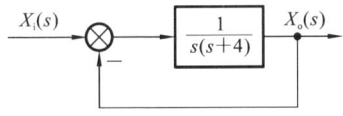

图 3.9 系统方框图（三）

解 系统的输入是单位阶跃、单位速度和单位加速度函数三种输入的线性组合，即

$$x_i(t)=A+Bt+C\frac{t^2}{2}$$

其中 A、B 和 C 为常数。根据线性叠加原理可以证明，系统的稳态误差为

$$e_{ss}=\frac{A}{1+K_p}+\frac{B}{K_v}+\frac{C}{K_a}$$

系统的开环传递函数的时间常数表达式为

$$G(s)H(s)=\frac{2.5}{s(0.25s+1)}$$

系统为 I 型系统（包含一个积分环节），则有

$$K_p=\infty, \quad K_v=2.5, \quad K_a=0$$

可得系统的稳态误差为

$$e_{ss}=\frac{A}{1+K_p}+\frac{B}{K_v}+\frac{C}{K_a}=\frac{4}{1+\infty}+\frac{6}{2.5}+\frac{6}{0}=\infty$$

例 3-16 某垂直起降飞机的高度控制系统方框图如图 3.10 所示，试确定使系统稳定的 K 值范围。

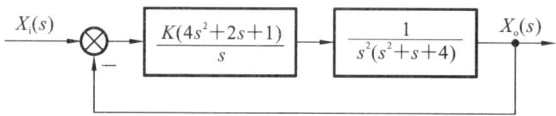

图 3.10 某垂直起降飞机的高度控制系统方框图

解 由方框图得系统开环传递函数：

$$G_k(s) = \frac{K(4s^2+2s+1)}{s^3(s^2+s+4)}$$

则系统闭环传递函数为

$$G(s) = \frac{K(4s^2+2s+1)}{s^5+s^4+4s^3+4Ks^2+2Ks+K}$$

特征方程为

$$D(s) = s^5+s^4+4s^3+4Ks^2+2Ks+K = 0$$

劳斯阵列：

$$
\begin{array}{c|ccc}
s^5 & 1 & 4 & 2K \\
s^4 & 1 & 4K & K \\
s^3 & 4-4K & K & \\
s^2 & \dfrac{(15-16K)K}{4(1-K)} & K & \\
s^1 & \dfrac{-32K^2+47K-16}{15-16K} & & \\
s^0 & K & &
\end{array}
$$

系统稳定的条件为

$$\begin{cases} 4-4K>0 \\ \dfrac{(15-16K)K}{4(1-K)}>0 \\ \dfrac{-32K^2+47K-16}{15-16K}>0 \\ K>0 \end{cases}, \quad 即 \quad \begin{cases} K<1 \\ K<\dfrac{15}{16}=0.938 \\ 32K^2-47K+16<0 \\ K>0 \end{cases}$$

则使系统稳定的 K 值范围是：$0.536 < K < 0.933$。

例 3-17 电子心脏起搏器心律控制系统方框图如图 3.11 所示，其中模仿心脏的传递函数相当于纯积分环节。若 $\xi=0.5$ 对应最佳响应，试求起搏器增益 K 和无

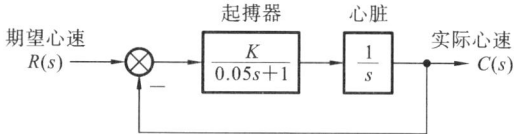

图 3.11 电子心脏起搏器心律控制系统方框图

阻尼固有频率 ω_n。

解 依题意得系统传递函数为

$$G(s)=\dfrac{\dfrac{K}{0.05}}{s^2+\dfrac{1}{0.05}s+\dfrac{K}{0.05}}=\dfrac{\omega_n^2}{s^2+2\xi\omega_n s+\omega_n^2}$$

则有

$$\begin{cases}\omega_n=\sqrt{\dfrac{K}{0.05}}\\ \xi=\dfrac{1}{0.05\times 2\omega_n}\end{cases}$$

令 $\xi=0.5$，可解出 $K=20$，$\omega_n=20$。

例 3-18 设某控制系统的方框图如图 3.12 所示，其中 $\xi=0.2$，$\omega_n=86.6$。用劳斯判据列出劳斯阵列，确定系统能稳定工作时 K 的取值范围。

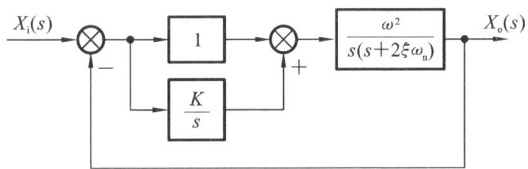

图 3.12 控制系统方框图(一)

解 由方框图得系统开环传递函数：

$$G_k(s)=\dfrac{X_o(s)}{E(s)}=\dfrac{\omega_n^2(s+K)}{s^2(s+2\xi\omega_n)}$$

则系统闭环传递函数为

$$G_b(s)=\dfrac{X_o(s)}{X_i(s)}=\dfrac{\omega_n^2(s+K)}{s^3+2\xi\omega_n s^2+\omega_n^2 s+K\omega_n^2}$$

特征方程为

$$s^3+2\xi\omega_n s^2+\omega_n^2 s+K\omega_n^2=0$$

即

$$s^3+34.6s^2+7500s+7500K=0$$

劳斯阵列：

s^3	1	7500	0
s^2	34.6	$7500K$	0
s^1	$\dfrac{34.6\times 7500-7500K}{34.6}$	0	
s^0	$7500K$	0	

系统稳定的条件为

$$\begin{cases} 7500K > 0 \\ \dfrac{34.6 \times 7500 - 7500K}{34.6} > 0 \end{cases}, \quad 即 \quad 0 < K < 34.6$$

$K=0$ 时，系统为二阶系统，各系数都大于零，系统稳定。

故使系统稳定的 K 值范围是：$0 \le K < 34.6$。

例 3-19 已知某闭环系统方框图如图 3.13 所示，试用劳斯判据判断该系统是否稳定。当系统输入控制信号为 $x_i(t) = 1 + t$ 时，试求系统输出的稳态误差。

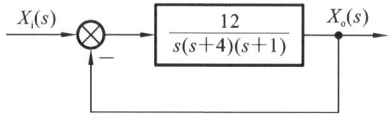

图 3.13 闭环系统方框图

解 系统闭环传递函数为

$$G(s) = \frac{12}{s^3 + 5s^2 + 4s + 12}$$

系统特征方程为

$$D(s) = s^3 + 5s^2 + 4s + 12 = 0$$

因 $4 \times 5 > 1 \times 12$（内积大于外积），故系统闭环稳定。

该系统为 I 型系统，其开环传递函数为

$$G_k(s) = \frac{12}{s(s+4)(s+1)} = \frac{3}{s(0.25s+1)(s+1)}$$

故 $K_v = 3$。

系统输出的稳态误差为

$$e_{ss} = \frac{1}{K_v} = \frac{1}{3}$$

例 3-20 图 3.14 所示为数控机床位置控制系统方框图，试求：

(1) 控制系统的无阻尼自然频率 ω_n 和阻尼比 ξ。

(2) K 值的大小对系统性能的影响。

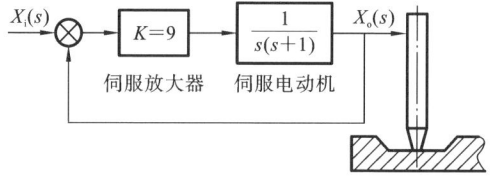

图 3.14 数控机床位置控制系统方框图

解 (1) 系统闭环传递函数为

$$G(s)=\frac{k}{s^2+s+k}=\frac{9}{s^2+s+9}$$

$$\omega_n=3$$

$$2\xi\omega_n=1, \quad \xi=1/6$$

(2) K 值的大小,将影响无阻尼自然频率 ω_n 和阻尼比 ξ 的大小。K 值越大,ω_n 越大,ξ 越小,系统响应速度越快,但平稳性变差。

例 3-21 设控制系统的方框图如图 3.15 所示,当输入信号 $x_{i1}(t)=3t$、$x_{i2}(t)=2$ 同时作用时,试计算系统输出的稳态误差。

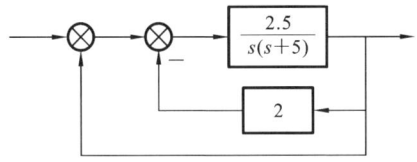

图 3.15 控制系统方框图(二)

解 系统开环传递函数为

$$G_k(s)=\frac{\dfrac{2.5}{s(s+5)}}{1+\dfrac{2.5}{s(s+5)}\times 2}=\frac{2.5}{s(s+5)+5}=\frac{2.5}{s^2+5s+5}$$

$$e_{ss}=\lim_{t\to\infty}e(t)=\lim_{s\to 0}sE(s)=\lim_{s\to 0}s\cdot\frac{1}{1+G_k(s)}\cdot X_i(s)$$

或系统为 0 型系统。

当输入信号为 $r_1(t)=2$ 时,稳态误差为

$$e_{ss1}=\lim_{t\to\infty}e(t)=\lim_{s\to 0}sE(s)=\lim_{s\to 0}s\cdot\frac{1}{1+G_k(s)}\cdot R_1(s)=\lim_{s\to 0}s\cdot\frac{1}{1+\dfrac{2.5}{s^2+5s+5}}\cdot\frac{2}{s}=\frac{4}{3}$$

或

$$K_p=\frac{1}{2}, \quad e_{ss1}=2\times\frac{1}{1+K_p}=2\times\frac{1}{1+\dfrac{1}{2}}=\frac{4}{3}$$

当输入信号为 $r_2(t)=3t$ 时,稳态误差为

$$e_{ss2}=\lim_{t\to\infty}e(t)=\lim_{s\to 0}sE(s)=\lim_{s\to 0}s\cdot\frac{1}{1+G_k(s)}\cdot R_2(s)$$

$$=\lim_{s\to 0}s\cdot\frac{1}{1+\dfrac{2.5}{s^2+5s+5}}\cdot\frac{3}{s^2}=\infty$$

或

$$K_v=0, \quad e_{ss2}=3\times\frac{1}{K_v}=3\times\frac{1}{0}=\infty$$

系统总稳态误差为
$$e_{ss} = e_{ss1} + e_{ss2} = \infty$$

例 3-22 某系统的开环传递函数为 $G_k(s) = \dfrac{10(s+1)}{s^2(s+4)}$，当系统输入信号为 $x_i(t) = 4 + 6t + 3t^2$ 时，试求该系统的稳态误差。

解 传递函数标准形式：
$$G_k(s) = \dfrac{\dfrac{10}{4}(s+1)}{s^2\left(\dfrac{1}{4}s+1\right)}$$

该系统为 Ⅱ 型系统，有
$$K_p = \infty, \quad K_v = \infty, \quad K_a = K = 10/4$$

稳态误差为
$$e_{ss} = \dfrac{4}{1+K_p} + \dfrac{6}{K_v} + \dfrac{6}{K_a} = \dfrac{4}{1+\infty} + \dfrac{6}{\infty} + \dfrac{6}{10/4} = 2.4$$

例 3-23 某控制系统的方框图如图 3.16 所示，试确定当 K 取何值时，系统方能稳定。

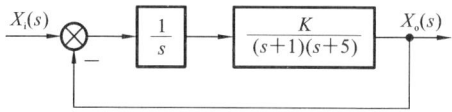

图 3.16 控制系统方框图（三）

解 系统的闭环传递函数为
$$G(s) = \dfrac{K}{s(s+1)(s+5) + K} = \dfrac{K}{s^3 + 6s^2 + 5s + K}$$

此系统为三阶系统，特征方程为
$$s^3 + 6s^2 + 5s + K = 0$$

由三阶系统的稳定条件，有
$$\begin{cases} K > 0 \\ 6 \times 5 - K > 0 \end{cases}$$

即当 $0 < K < 30$ 时系统稳定。

例 3-24 设二阶控制系统的单位阶跃响应曲线如图 3.17 所示，试确定系统的传递函数。已知：$t_r = \dfrac{\pi - \arccos\xi}{\omega_n\sqrt{1-\xi^2}}$，$t_p = \dfrac{\pi}{\omega_d} = \dfrac{\pi}{\omega_n\sqrt{1-\xi^2}}$，$t_s = \dfrac{-\ln\Delta - \ln\sqrt{1-\xi^2}}{\xi\omega_n}$，

$M_p = \dfrac{x_o(t_p) - x_o(\infty)}{x_o(\infty)} \times 100\% = e^{-\xi\pi/\sqrt{1-\xi^2}} \times 100\%$，$N = \dfrac{t_s}{T_d} = \begin{cases} \dfrac{1.5\sqrt{1-\xi^2}}{\xi\pi}, & \Delta = 0.05 \\ \dfrac{2\sqrt{1-\xi^2}}{\xi\pi}, & \Delta = 0.02 \end{cases}$。

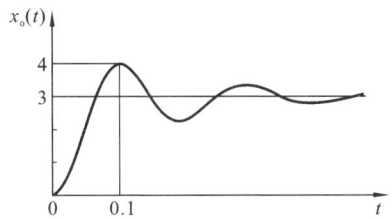

图 3.17 二阶控制系统的单位阶跃响应曲线

解 分析响应得,在单位阶跃作用下响应的稳态值为 3,故此系统的增益不是 1,而是 3,系统模型为

$$G(s)=\frac{3\omega_n^2}{s^2+2\xi\omega_n s+\omega_n^2}$$

根据响应的 M_p、t_p,可得

$$t_p=\frac{\pi}{\omega_d}=\frac{\pi}{\omega_n\sqrt{1-\xi^2}}=0.1$$

$$M_p=\frac{x_o(t_p)-x_o(\infty)}{x_o(\infty)}\times 100\%=\frac{4-3}{3}\times 100\%=e^{-\xi\pi/\sqrt{1-\xi^2}}\times 100\%$$

解以上方程,可得

$$\begin{cases}\xi=0.33\\ \omega_n=33.2\end{cases}$$

故传递函数为

$$G(s)=\frac{3\omega_n^2}{s^2+2\xi\omega_n s+\omega_n^2}=\frac{3306.72}{s^2+21.912s+1102.24}$$

例 3-25 已知数控系统方框图如图 3.18 所示,在单位阶跃信号 $x(t)$ 输入和干扰信号 $n(t)=2\times 1(t)$ 共同作用下,试求:

(1) 当 $K_1=40$ 和 $K_1=20$ 时,系统的稳态误差。

(2) 若在 $N(s)$ 作用点之前引入积分环节 $1/s$,稳态误差会改善吗?若在 $N(s)$ 作用点之后引入积分环节 $1/s$,稳态误差又将如何改变?

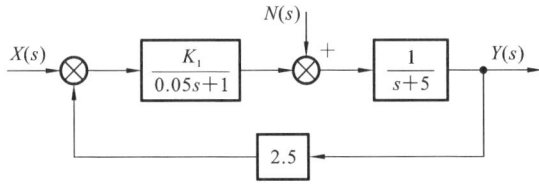

图 3.18 数控系统方框图

解 (1) 该系统是一个非单位反馈控制系统,由 $R(s)$ 输入引起的误差传递函数为

$$E_R(s) = \frac{1}{2.5} \times \frac{1}{1+2.5 \times \dfrac{K_1}{0.05s+1} \times \dfrac{1}{s+5}} X(s)$$

输入引起的稳态误差为

$$e_{ss1} = \lim_{s \to 0} s E_R(s) = \lim_{s \to 0} s \frac{1}{2.5} \times \frac{1}{1+2.5 \times \dfrac{K_1}{0.05s+1} \times \dfrac{1}{s+5}} \frac{1}{s} = \frac{1}{2.5(1+0.5K_1)}$$

由 $N(s)$ 输入引起的误差为

$$E_N(s) = -\frac{\dfrac{1}{s+5}}{1+2.5 \times \dfrac{K_1}{0.05s+1} \times \dfrac{1}{s+5}} N(s)$$

扰动引起的稳态误差为

$$e_{ss2} = \lim_{s \to 0} s E_N(s) = \lim_{s \to 0} s \frac{\dfrac{1}{s+5}}{1+2.5 \times \dfrac{K_1}{0.05s+1} \times \dfrac{1}{s+5}} \frac{2}{s} = -\frac{2}{5(1+0.5K_1)}$$

当 $K_1 = 40$ 时,系统的稳态误差为

$$e_{ss} = e_{ss1} + e_{ss2} = 0.019 - 0.019 = 0$$

当 $K_1 = 20$ 时,系统的稳态误差为

$$e_{ss} = e_{ss1} + e_{ss2} = 0.036 - 0.036 = 0$$

（2）若在扰动作用点之前的前向通道中引入积分环节 $1/s$，$E_N(s)$ 的分母部分增大,稳态误差减小。若在扰动作用点之后引入积分环节 $1/s$，$E_N(s)$ 的分子部分增大,稳态误差会增大。

例 3-26 设控制系统的特征方程为 $D(s) = s^3 + 2s^2 + s + 2 = 0$，试用劳斯判据判别系统的稳定性。

解 首先,特征方程的各项系数均大于零,满足系统稳定的必要条件。其次,列劳斯阵列,因为 s^1 行的元素全为零,所以设 s^1 行的第一个系数为 ε，则

$$b_1 = \frac{-1}{2} \begin{vmatrix} 1,1 \\ 2,2 \end{vmatrix} = 0, \quad c_1 = \frac{-1}{\varepsilon} \begin{vmatrix} 2,2 \\ \varepsilon,0 \end{vmatrix} = 2$$

所以劳斯阵列为

s^3	1	1	0
s^2	2	2	0
s^1	ε	0	
s^0	2		

系统特征方程为

$$s^3 + 2s^2 + s + 2 = (s^2+1)(s+2) = 0$$

其根为
$$s_1 = j, \quad s_2 = -j, \quad s_3 = -2$$
由于第一列中各元素除 ε 外均为正,因此没有正实部根;特征方程存在共轭虚根,表明系统处于临界稳定状态。

例 3-27 某控制系统的方框图如图 3.19 所示,其中 $X(s)$ 为参考输入信号,$Y(s)$ 为控制系统的输出,$D(s)$ 为系统干扰输入信号。

试计算:(1)控制系统的开环传递函数;(2)控制系统的实际输出。

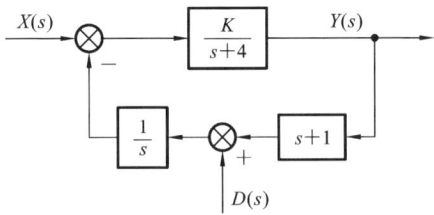

图 3.19 控制系统方框图(四)

解 (1)系统开环传递函数为
$$G_k(s) = \frac{k}{(s+4)} \cdot \frac{2}{s} \cdot (s+1) = \frac{2k(s+1)}{s(s+4)}$$

(2) 在 $X(s)$ 作用下,系统的输出为
$$Y_X(s) = \frac{\dfrac{k}{(s+4)}}{1+\dfrac{k}{(s+4)} \cdot \dfrac{2}{s} \cdot (s+1)} X(s) = \frac{ks}{s(s+4)+2k(s+1)} X(s)$$

在 $D(s)$ 作用下,系统的输出为
$$Y_D(s) = \frac{\dfrac{-k}{(s+4)} \cdot \dfrac{2}{s}}{1+\dfrac{k}{(s+4)} \cdot \dfrac{2}{s} \cdot (s+1)} D(s) = \frac{-2k}{s(s+4)+2k(s+1)} D(s)$$

系统的总输出 $Y(s) = Y_X(s) + Y_D(s)$,因此
$$Y(s) = \frac{ks}{s(s+4)+2k(s+1)} X(s) - \frac{2k}{s(s+4)+2k(s+1)} D(s)$$

例 3-28 某机械系统如图 3.20 所示,试求:

(1) 当输入为作用力 u_1、系统的输出取位移 y_1 时,建立该系统的传递函数;

(2) 分析输入作用位置相同时,系统输出 y_1 和 y_2 的哪些特性相同,哪些特性不同。

解 (1)输入为 u_1、输出取 y_1 时,对质量块 m_1 运用牛顿定律,得
$$m_1 \frac{d^2 y_1}{dt^2} = u_1 - k_1 y_1 - b_1 \left(\frac{dy_1}{dt} - \frac{dy_2}{dt} \right)$$

对质量块 m_2 运用牛顿定律,得

$$m_2 \frac{d^2 y_2}{dt^2} = b_1\left(\frac{dy_1}{dt} - \frac{dy_2}{dt}\right) - k_2 y_2$$

分别对以上两式,在零初始条件下,取拉氏变换,可得

$$m_1 s^2 Y_1(s) = U_1(s) - k_1 Y_1(s) - b_1 s[Y_1(s) - Y_2(s)]$$
$$m_2 s^2 Y_2(s) = b_1 s[Y_1(s) - Y_2(s)] - k_2 Y_2(s)$$

消去中间变量 $Y_2(s)$,整理得传递函数:

$$G_1(s) = \frac{Y_1(s)}{U_1(s)} = \frac{m_2 s^2 + b_1 s + k_2}{(m_1 s^2 + b_1 s + k_1)(m_2 s^2 + b_1 s + k_2) - b_1^2 s^2} \tag{1}$$

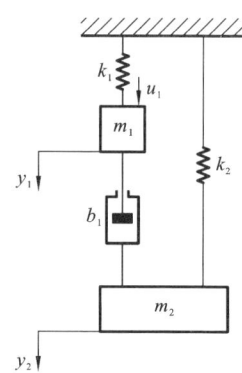

图 3.20 机械系统

(2) 根据上面的分析,消去中间变量 $Y_1(s)$,取输入为 u_1、输出为 y_2,整理得其传递函数:

$$G_2(s) = \frac{Y_2(s)}{U_1(s)} = \frac{b_1 s}{(m_1 s^2 + b_1 s + k_1)(m_2 s^2 + b_1 s + k_2) - b_1^2 s^2} \tag{2}$$

从式(1)和式(2)可知,输入作用位置相同时,系统输出 y_1 和 y_2 的特征方程相同,极点相同,但零点不同,且响应不等。

例 3-29 某线性系统在输入信号 $x_i(t) = t$ 的作用下,输出为 $x_o(t) = (t+2) - 0.9e^{-2t}$。试求解在 $y_i(t) = 1 + 2t$ 信号作用下,系统的输出响应 $y_o(t)$。

解 由于单位阶跃信号是单位速度信号的导数,因此单位阶跃响应亦为单位速度响应的导数,则有

$$y_o(t) = x'_o(t) + 2x_o(t) = 1 + 1.8e^{-2t} + 2[(t+2) - 0.9e^{-2t}] = 5 + 2t$$

例 3-30 图 3.21 所示为宇宙飞船的姿态控制系统方框图。假设控制器的时间常数 $T = 3$ s,力矩与惯量比 $\frac{K}{J} = \frac{2}{9}$ rad^2/s^2,试求系统的阻尼比。

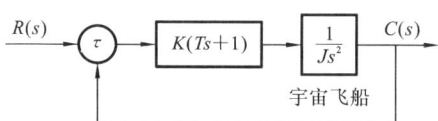

图 3.21 宇宙飞船的姿态控制系统方框图

解 由系统方框图可得闭环传递函数为

$$\frac{C(s)}{R(s)} = \frac{K(Ts+1)\frac{1}{Js^2}}{1 + K(Ts+1)\frac{1}{Js^2}} = \frac{KTs+K}{Js^2+KTs+K} = \frac{\frac{K}{J}Ts+\frac{K}{J}}{s^2+\frac{K}{J}Ts+\frac{K}{J}} = \frac{2\xi\omega_n s + \omega_n^2}{s^2+2\xi\omega_n s+\omega_n^2}$$

与标准二阶系统比较后可得

$$\begin{cases} \omega_n^2 = \frac{K}{J} \\ 2\xi\omega_n = \frac{K}{J}T \end{cases}, \quad 即 \quad \xi = \frac{T}{2}\omega_n = \frac{T}{2}\sqrt{\frac{K}{J}}$$

将 $T=3, \dfrac{K}{J}=\dfrac{2}{9}$ 代入上式得

$$\xi=\dfrac{3}{2}\sqrt{\dfrac{2}{9}}=\dfrac{\sqrt{2}}{2}=0.707$$

例 3-31 某单位反馈控制系统的开环传递函数为 $G_k(s)=\dfrac{K}{s(s+a)}$，系统的谐振峰值 $M_r=1.04$，谐振频率 $\omega_r=11.55$ rad/s，试确定 K、a 的值和系统的无阻尼自然频率 ω_n、阻尼比 ξ 及最大百分比超调量 M_p。

解 系统的闭环传递函数为

$$G(s)=\dfrac{G_k(s)}{1+G_k(s)}=\dfrac{\dfrac{K}{s(s+a)}}{1+\dfrac{K}{s(s+a)}}=\dfrac{K}{s^2+as+K}=\dfrac{\omega_n^2}{s^2+2\xi\omega_n s+\omega_n^2}$$

由 $M_r=\dfrac{1}{2\xi\sqrt{1-\xi^2}}$，得

$$\xi=\sqrt{\dfrac{1-\sqrt{1-1/M_r^2}}{2}}=0.6$$

又因为 $\omega_r=\omega_n\sqrt{1-2\xi^2}$，有

$$\omega_n=\dfrac{\omega_r}{\sqrt{1-2\xi^2}}=\dfrac{11.55}{\sqrt{1-2\times0.6^2}} \text{ rad/s}=21.83 \text{ rad/s}$$

所以

$$K=\omega_n^2=476.55, \quad a=2\xi\omega_n=2\times0.6\times21.83=26.6$$

最大百分比超调量为

$$M_p=e^{-\dfrac{\pi\xi}{\sqrt{1-\xi^2}}}\times100\%=9.5\%$$

例 3-32 已知某控制系统的数学模型为 $2.5x_o'(t)+x_o(t)=20x_i(t)$，式中 $x_o(t)$ 为输出，$x_i(t)$ 为输入。试求该系统的：(1) 传递函数；(2) 单位阶跃响应；(3) 单位脉冲响应。

解 (1) 对数学模型进行拉氏变换：

$$(2.5s+1)X_o(s)=20X_i(s)$$

得到传递函数为

$$G(s)=\dfrac{X_o(s)}{X_i(s)}=\dfrac{20}{2.5s+1}$$

(2) 单位阶跃响应：

$$X_o(s)=\dfrac{20}{2.5s+1}\cdot\dfrac{1}{s}=\dfrac{20}{s}-\dfrac{50}{2.5s+1}$$

$$x_o(t)=20(1-e^{-0.4t})$$

(3) 单位脉冲响应:
$$x_o(t) = 8e^{-0.4t}$$

例 3-33 单位反馈控制系统的开环传递函数为 $G_k(s) = \dfrac{10}{s+1}$，当输入为 $\sin(t+30°)$ 时，试分析该系统的频率特性，并求系统的稳态输出。

解 闭环函数为
$$G_b(s) = \frac{10}{s+11}$$

频率特性：
$$\begin{cases} A(\omega) = \dfrac{10}{\sqrt{11^2 + \omega^2}} \\ \varphi(\omega) = -\arctan \dfrac{\omega}{11} \end{cases}$$

$$\begin{cases} A(1) = \dfrac{10}{\sqrt{122}} \\ \varphi(1) = -\arctan \dfrac{1}{11} \end{cases}$$

稳态输出：
$$x_o(t) = \frac{10}{\sqrt{122}} \sin\left(t + 30° - \arctan \frac{1}{11}\right)$$

例 3-34 已知某系统方框图如图 3.22 所示，解答以下问题。
(1) 单位斜坡输入时，系统的稳态误差为 0.01，此时 K 值为多少？
(2) 单位阶跃输入时，系统的稳态误差又为多少？

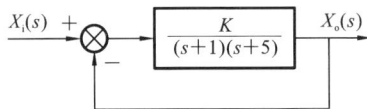

图 3.22 系统方框图(四)

解 (1) 该系统为 I 型系统，则
$$G_k(s) = \frac{1}{5} \cdot \frac{K}{s(s+1)(0.2s+1)}$$
$$K_v = K/5$$
$$e_{ss} = 0.01 = \frac{1}{K_v} = \frac{5}{K}$$

故
$$K = 500$$

(2) 当输入信号为单位阶跃函数时，$K_p = \infty$，$e_{ss} = \dfrac{1}{1+K_p} = 0$。

例 3-35 某系统的方框图如图 3.23 所示,其中,$a=0.4, b=0.6$,试求:

(1) 系统的开环零点及开环极点;

(2) 系统的阻尼比 ξ 和无阻尼自然频率 ω_n。

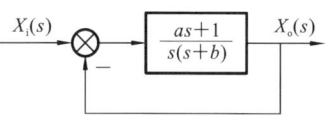

图 3.23 系统方框图(五)

解 (1) 开环零点:
$$s = -2.5$$
开环极点:
$$s_1 = 0, \quad s_2 = -0.6$$

(2) 闭环传递函数为
$$G_b(s) = \frac{as+1}{s^2+s+1}$$

则有
$$\omega_n = 1, \quad \xi = 0.5$$

例 3-36 某系统的数学模型(微分方程)为 $3x'_o(t) + x_o(t) = 15x_i(t)$,试求系统在单位阶跃函数作用下 $x_o(t_1) = 15$ 时 t_1 的值。

解 求传递函数:
$$3sX_o(s) + X_o(s) = 15X_i(s)$$

即
$$G(s) = \frac{X_o(s)}{X_i(s)} = \frac{15}{3s+1}$$

又有
$$X_o(s) = \frac{15}{3s+1} \cdot \frac{1}{s}$$

故
$$x_o(t) = 15(1 - e^{-\frac{1}{3}t})$$

因为 $x_o(\infty) = 15$,所以 $t_1 = \infty$。

例 3-37 通过过程控制,机器人可以让工具或者焊接沿图 3.24(a)所示的预测路线运行。在图 3.24(b)所示的闭环控制系统中,$Y(s)$ 为输出,$R(s)$ 为输入。试计算 c 的值,使闭环系统沿图 3.24(a)所示的运行路线运行时,其稳态误差不超过 0.05。

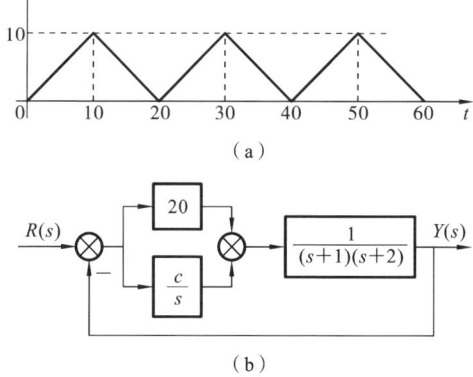

图 3.24 机器人控制系统预测路线及方框图

解 由图可知,系统输入为单位速度信号。

系统开环传递函数:

$$G_k(s) = \frac{20s+c}{s(s+1)(s+2)} = \frac{c(\frac{20}{c}s+1)}{2s(s+1)(0.5s+1)}$$

该系统为 I 型系统,$K_v = K_1 = \frac{c}{2}$,又因 $e_{ss} = \frac{1}{K_v} = \frac{2}{c} \leq 0.05$,有

$$c \geq 40$$

若系统稳定,则 $0 < c < 66$,故

$$40 \leq c < 66$$

例 3-38 系统的传递函数为 $G(s) = \frac{50}{s+5}$,应用图 3.25 所示方法使新系统的调整时间减小为原来的 1/10,放大系数不变,求 K_0 和 K_1 的值。

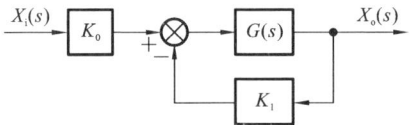

图 3.25 校正控制系统

解 原系统的时间常数 $T = 0.2$,放大系数 $K = 10$,而新系统传递函数为

$$G_1(s) = \frac{K_0 G(s)}{1 + K_1 G(s)} = \frac{\frac{10K_0}{0.2s+1}}{1 + \frac{10K_1}{0.2s+1}} = \frac{10K_0}{0.2s + 10K_1 + 1} = \frac{\frac{10K_0}{1+10K_1}}{\frac{0.2}{1+10K_1}s + 1}$$

故新系统的时间常数 $T = \frac{0.2}{1+10K_1}$,放大系数为 $K = \frac{10K_0}{1+10K_1}$,依题意,有

$$\frac{10K_0}{1+10K_1} = 10, \quad \frac{0.2}{1+10K_1} = 0.02$$

联立求解,得

$$K_1 = 0.9, \quad K_0 = 10$$

例 3-39 设一控制系统方框图如图 3.26 所示,$G_c(s) = 1 + T_D s$,其中 $X_i(s)$ 为输入,$X_o(s)$ 为输出。为使系统达到临界阻尼,求 T_D 的值。

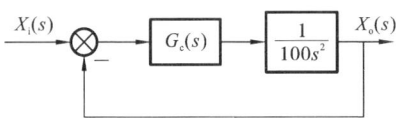

图 3.26 控制系统方框图(五)

解 系统闭环传递函数为

$$G(s) = \frac{1+T_D s}{100s^2 + T_D s + 1}$$

则
$$T^2 = 100, \quad T = 10$$

由于 $2\xi T = T_D, \xi = 1$,因此
$$T_D = 20$$

例 3-40 已知系统方框图如图 3.27 所示,解答以下问题。

(1) 若 $G_1(s)$ 的单位脉冲响应为 $g_1(t) = 2(1-e^{-5t})$,求系统输入为 $x_i(t) = 10 \times 1(t)$ 时的稳态输出。

(2) 若 $G_1(s)$ 的单位阶跃响应为 $g_1(t) = 2(1-e^{-5t})$,系统是否为二阶振荡系统?若是,求系统的阻尼比 ξ 和无阻尼自然振荡频率 ω_n。

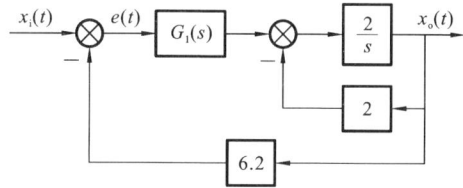

图 3.27 系统方框图(六)

解 (1) 由题意有

$$G_1(s) = L^{-1}[2(1-e^{-5t})] = 2\left(\frac{1}{s} - \frac{1}{s+5}\right) = \frac{10}{s(s+5)}$$

闭环传递函数为

$$G_b(s) = \frac{20}{s^3 + 9s^2 + 20s + 124}$$

系统的稳态输出为

$$x_o(\infty) = \lim_{s \to 0} sX_o(s) = \lim_{s \to 0} sG_b(s) \cdot X_i(s)$$
$$= \lim_{s \to 0} s \cdot \frac{20}{s^3 + 9s^2 + 20s + 124} \cdot \frac{10}{s} = 1.61$$

(2) $\quad G_1(s) = \dfrac{L^{-1}[2(1-e^{-5t})]}{L^{-1}[1(t)]} = \dfrac{2\left(\dfrac{1}{s} - \dfrac{1}{s+5}\right)}{\dfrac{1}{s}} = \dfrac{10}{s+5}$

闭环传递函数为

$$G_b(s) = \frac{20}{s^2 + 9s + 144}$$

易知此系统为二阶振荡系统,其中

$$2\xi\omega_n = 9, \quad \omega_n^2 = 144$$

求得

$$\xi = \frac{3}{8}, \quad \omega_n = 12$$

例 3-41 已知某系统方框图如图 3.28 所示,若要求系统稳定且在 $x_i(t)=t^2$ 作用下的稳态误差 $e_{ss} \leq 0.5$,试确定满足要求的 K 值范围。

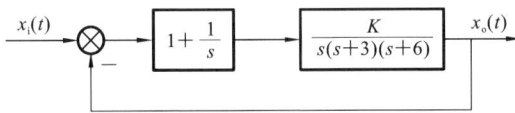

图 3.28 系统方框图(七)

解 系统开环传递函数为

$$G_k(s) = \frac{K(s+1)}{s^2(s+3)(s+6)} = \frac{K_a(s+1)}{s^2\left(\frac{s}{3}+1\right)\left(\frac{s}{6}+1\right)}$$

其中 $K_a = \frac{K}{18}$。

系统闭环传递函数为

$$G_b(s) = \frac{\dfrac{K(s+1)}{s^2(s+3)(s+6)}}{1+\dfrac{K(s+1)}{s^2(s+3)(s+6)}} = \frac{K(s+1)}{s^4+9s^3+18s^2+Ks+K}$$

其劳斯阵列为

s^4	1	18	K
s^3	9	K	
s^2	$\dfrac{162-K}{9}$	K	
s^1	$\dfrac{K(81-K)}{162-K}$	0	
s^0	K		

由劳斯判据可知闭环系统稳定需要满足

$$\begin{cases} 162-K>0 \\ K(81-K)>0 \\ K>0 \end{cases}$$

求得

$$0<K<81$$

由系统开环传递函数可知,系统为 II 型系统,在 $x_i(t)=t^2$ 作用下的稳态误差

$$e_{ss} = \frac{2}{K_a} = \frac{36}{K} \leq 0.5$$

求得
$$K \geqslant 72$$
综合以上要求，K 值范围为：$72 \leqslant K < 81$。

例 3-42 设某两个控制系统的输出与输入信号之间的关系分别用下式表示：
$$x'_{o1}(t) + x_{o1}(t) = x_{i1}(t), \quad 2x'_{o2}(t) + x_{o2}(t) = x_{i2}(t)$$

(1) 分别绘制在单位阶跃信号作用下两个系统的响应曲线（需要表达主要特性），并比较两个系统的快速性；

(2) 计算在单位速度信号作用下两个系统的稳态响应。

解 (1) 系统的响应曲线如图 3.29 所示，系统 1 的快速性优于系统 2。

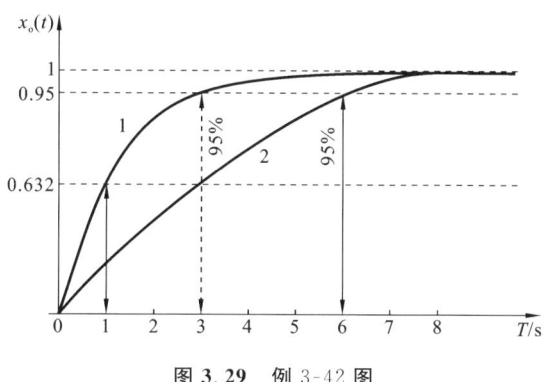

图 3.29 例 3-42 图

(2) 系统 1 的闭环传递函数为
$$G_{b1}(s) = \frac{1}{s+1}$$

单位速度响应为
$$x_{o1}(t) = t - 1 + e^{-t}, \quad t \geqslant 0$$

系统 2 的闭环传递函数为
$$G_{b2}(s) = \frac{1}{2s+1}$$

单位速度响应为
$$x_{o2}(t) = t - 2 + 2e^{-\frac{t}{2}}, \quad t \geqslant 0$$

稳态响应分别为
$$x_{o1}(\infty) = t - 1, \quad x_{o2}(\infty) = t - 2$$

例 3-43 已知系统方框图如图 3.30 所示，其中 $G_1(s)$ 的单位脉冲响应为
$$g_1(t) = 2(1 - e^{-5t})$$

(1) 求系统输入 $x_i(t) = 10 \times 1(t)$ 时的稳态输出；

(2) 求系统输入 $x_i(t) = 10t$ 时的稳态误差。

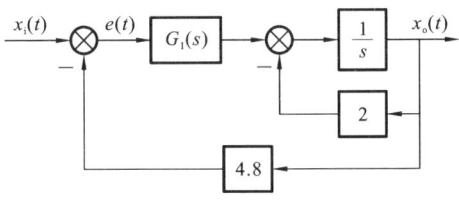

图 3.30 系统方框图(八)

解 (1) $G_1(s)=L^{-1}[2(1-e^{-5t})]=2\left(\dfrac{1}{s}-\dfrac{1}{s+5}\right)=\dfrac{10}{s(s+5)}$

闭环传递函数为

$$G_b(s)=\dfrac{20}{s^3+9s^2+20s+96}$$

系统的稳态输出为

$$x_o(\infty)=\lim_{s\to 0}sX_o(s)=\lim_{s\to 0}sG_b(s)\cdot X_i(s)=\lim_{s\to 0}s\cdot\dfrac{20}{s^3+9s^2+20s+96}\cdot\dfrac{10}{s}=2.08$$

(2) $G_1(s)=\dfrac{10}{s(s+5)}$, $G_2(s)=\dfrac{2}{s+4}$, $H(s)=4.8$

稳态误差为

$$e_{ss}=\lim_{t\to\infty}e(t)=\lim_{s\to 0}sE(s)=\lim_{s\to 0}s\cdot\dfrac{1}{H(s)}\cdot\dfrac{1}{1+G_1(s)G_2(s)H(s)}\cdot X_i(s)$$

$$=\lim_{s\to 0}s\cdot\dfrac{1}{4.8}\cdot\dfrac{1}{1+\dfrac{20}{s(s+5)(s+4)}\times 4.8}\cdot\dfrac{10}{s^2}=0.43$$

例 3-44 已知单位反馈系统的开环传递函数为 $G_k(s)=\dfrac{K}{s(s+3)^2}$,试确定系统闭环稳定且在单位斜坡输入下的稳态误差 $e_{ss}\leqslant 3\%$ 时,K 的数值。

解 系统开环为 I 型系统,则

$$G_k(s)=\dfrac{K}{s(s+3)^2}=\dfrac{\dfrac{K}{9}}{s\left(\dfrac{1}{3}s+1\right)\left(\dfrac{1}{3}s+1\right)}$$

在单位斜坡信号作用下的稳态误差 $e_{ss}=\dfrac{9}{K}\leqslant 3\%$,得到 $K\geqslant 300$。

系统闭环传递函数为

$$G_b(s)=\dfrac{K}{s^3+6s^2+9s+K}$$

由劳斯判据知

$$K>0 \text{ 且 } 6\times 9>K\times 1$$

即

$$0<K<54$$

故 K 没有解。

例 3-45 设控制系统的特征方程为 $D(s)=s^5+2s^4+24s^3+48s^2+25s+50=0$,试用劳斯判据判别系统的稳定性。

解 首先,特征方程的各项系数均大于零,满足系统稳定的必要条件。其次,列劳斯阵列。

$$\begin{array}{c|cccc} s^5 & 1 & 24 & 25 & 0 \\ s^4 & 2 & 48 & 50 & 0 \\ s^3 & 0 & 0 & 0 & \end{array}$$

因为 s^3 行的元素全为零,所以需要构造辅助多项式。

令

$$2s^4+48s^2+50=0$$
$$F(s)=2s^4+48s^2+50$$

则

$$F'(s)=8s^3+96s$$

继续进行劳斯阵列的计算,得劳斯阵列:

$$\begin{array}{c|cccc} s^5 & 1 & 24 & 25 & 0 \\ s^4 & 2 & 48 & 50 & 0 \\ s^3 & 0\to 8 & 0\to 96 & 0 & 0 \\ s^2 & 24 & 50 & 0 & \\ s^1 & 238/3 & 0 & & \\ s^0 & 50 & 0 & & \end{array}$$

由于第一列各元素符号没有改变,因此系统稳定。

习 题

3-1 设单位反馈系统的开环传递函数为
$$G_k(s)=\frac{4}{s(s+5)}$$
试求该系统的单位阶跃响应和单位脉冲响应。

3-2 如图 3.31 所示,求系统的传递函数及闭环阻尼比为 0.5 时所对应的 K 值。

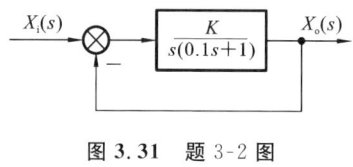

图 3.31 题 3-2 图

3-3 设单位反馈系统的开环传递函数为

$$G_k(s) = \frac{1}{s(s+1)}$$

试求单位阶跃响应的上升时间、峰值时间、最大超调量和调整时间。当

$$G_k(s) = \frac{K}{s(s+1)}$$

时,试分析放大倍数 K 对单位阶跃输入产生的输出动态过程特性的影响。

3-4 已知某系统由下述微分方程描述：
$$\frac{d^2 y(t)}{dt^2} + 2\xi \frac{dy(t)}{dt} + y(t) = x(t), \quad 0 < \xi < 1$$
当 $x(t) = 1(t)$ 时，试求最大超调量。

3-5 设某系统的传递函数为
$$G(s) = \frac{\omega_n^2}{s^2 + 2\xi\omega_n s + \omega_n^2}$$
为使系统对阶跃响应有 5% 的超调量和 2 s 的调整时间，试求 ξ 和 ω_n。

3-6 二阶系统在 s 平面中有一对复数共轭极点，试在 s 平面中画出与下列指标相应的极点可能分布的区域。

(1) $\xi \geqslant 0.707, \omega_n > 2 \text{ rad/s}$ 　　　(2) $0 \leqslant \xi \leqslant 0.707, \omega_n \leqslant 2 \text{ rad/s}$

(3) $0 \leqslant \xi \leqslant 0.5, 2 \text{ rad/s} \leqslant \omega_n \leqslant 4 \text{ rad/s}$ 　　　(4) $0.5 \leqslant \xi \leqslant 0.707, \omega_n \leqslant 2 \text{ rad/s}$

3-7 设某伺服电动机的传递函数为

$$G(s) = \frac{\Omega(s)}{U(s)} = \frac{K}{Ts+1}$$

假定伺服电动机以 ω_0 的恒定速度转动,当伺服电动机的控制电压 u_0 突然降到零时,试求其速度响应方程式。

3-8 某单位反馈系统的开环传递函数为

$$G_k(s) = G(s)H(s) = \frac{K}{s(Ts+1)}$$

其中,$K>0,T>0$。试问放大器增益 K 减少为多少,才能使系统单位阶跃响应的最大超调量由 75% 降到 25%?

3-9 单位阶跃输入情况下测得某伺服机构的响应为
$$x_o(t) = 1 + 0.2\,e^{-60t} - 1.2\,e^{-10t}, \quad t \geq 0$$
求：(1) 系统的闭环传递函数；
(2) 系统的无阻尼自然频率及阻尼比。

3-10 某高阶系统，闭环极点如图 3.32 所示，没有零点，请估计其阶跃响应。

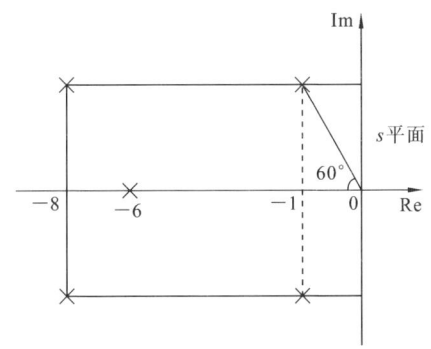

图 3.32 题 3-10 图

3-11 两系统的传递函数分别为 $G_1(s) = \dfrac{2}{2s+1}$ 和 $G_2(s) = \dfrac{1}{s+1}$，当输入信号为 $x_i(t) = 1(t)$ 时，试说明其输出到达各自稳态值的 63.2% 的先后。

3-12 试求下列系统的脉冲响应,$G(s)$为系统传递函数。

(1) $G(s) = \dfrac{s+3}{s^2+3s+2}$ (2) $G(s) = \dfrac{s^2+3s+5}{(s+1)^2(s+2)}$

3-13 某温度计读数可用一阶系统表示,当它插入恒温水中 1 min 时,显示了该温度的 98%,试求其时间常数 T。若将该温度计置于浴缸内,浴缸的水温由 0 ℃ 按 10 ℃/min 的规律上升,求温度计的测量误差。

3-14 设计一个二阶欠阻尼系统,使其单位阶跃响应满足 $10\% < M_p < 30\%$, $t_s < 0.4$ s($\Delta = 0.02$)。试确定闭环极点的取值范围。

3-15 设某系统的闭环极点和闭环零点位于平行于复平面虚轴上的一条直线上,如图 3.33 所示。试求该系统的单位脉冲响应。

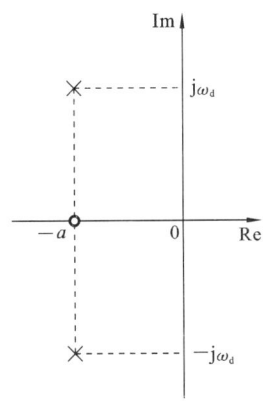

图 3.33 题 3-15 图

3-16 已知系统 S_1 和 S_2 的特征根分别为 $-2.1\pm 2.14\mathrm{j}$ 和 $-1.4\pm 1.43\mathrm{j}$。试分析这两个系统的单位阶跃响应特点。

3-17 某系统的开环传递函数为

$$G_k(s)=G(s)H(s)=\frac{50}{(0.1s+1)(2s+1)}$$

求:(1) 系统的位置偏差系数、速度偏差系数和加速度偏差系数。
(2) 当 $x_i(t)=1+2t+2t^2\ (t\geqslant 0)$ 时,系统的稳态误差。

3-18 某单位反馈系统的传递函数为
$$G_b(s) = \frac{a_1 s + a_0}{a_n s^n + a_{n-1} s^{n-1} + \cdots + a_1 s + a_0}$$
求参考输入为斜坡信号时的稳态误差。

3-19 为使图 3.34(a)所示的系统在参考输入 $x_i(t) = at$(a 为任意常数)作用下的稳态误差 $e_{ss} = 0$,采用图 3.34(b)所示的前馈控制,求补偿器的参数 K。

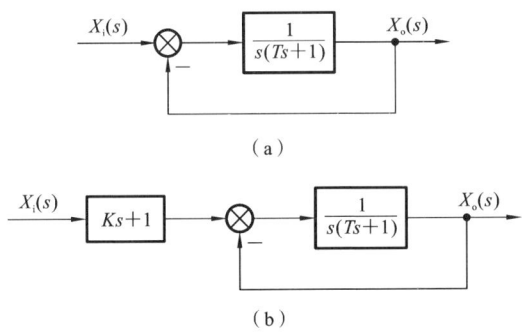

图 3.34 题 3-19 图

3-20 设某单位反馈控制系统的开环传递函数为
$$G_k(s) = \frac{K}{s(0.1s+0.9)(s+1)}$$
现要求系统特征根全部位于复平面上 $s=-1$ 直线之左,试确定此时 K 的取值范围。

(扫描二维码可查看习题参考答案)

第4章 控制系统的频域分析

内 容 提 要

时域分析法、根轨迹法及频域分析法共同组成经典控制理论的核心内容。频域分析法是一种常用的图解分析法,其特点是可以根据系统的开环频率特性判断系统闭环的性能,并能较方便地分析系统参数对时域响应的影响,从而指出改善系统性能的途径。本章介绍的频域分析法已经发展为一种常用的工程方法,应用十分广泛。具体内容如下。

(1) 系统是由若干基本环节所组成的。熟悉了基本环节的频率特性以后,不难绘制系统开环幅频、相频特性图,即奈奎斯特(Nyquist)图和伯德(Bode)图。

由于对数运算可以将幅值的乘除法运算转化为加减运算,并可用简单的渐近线线段近似地绘制出对数幅频特性,因此,伯德图应用最广。

(2) 若系统传递函数的极点与零点都位于 s 平面的左半平面,这种系统被称为最小相位系统;反之,若系统传递函数的极点或零点都位于 s 平面的右半平面,则系统被称为非最小相位系统。

对于最小相位系统,其幅频和相频之间存在着唯一的对应关系,即根据对数幅频特性可唯一确定相应的相频特性和传递函数,而对非最小相位系统则不然。

(3) 许多系统和元件的频率特性都可以用实验方法测定。在难以用解析法确定系统特性的情况下,这一点具有特别重要的意义。

最小相位系统的传递函数可以根据对数幅频特性的渐近线确定。

(4) 根据闭环频率特性的谐振峰值、谐振频率和截止频率的数值,可以粗略估计系统时域响应的一些性能指标。

(5) 可以利用奈奎斯特稳定性判据判断系统时域响应的一些性能指标。

(6) 系统的稳态误差不但与系统的结构及参数有关,而且与输入(或扰动)的形式密切相关。掌握稳态误差的定义、求取方法,以及减小稳态误差的基本方法。

只有在保证系统稳定的前提下,才能讨论稳态指标和瞬态指标,才可通过增加系统类型及增大开环增益来减小稳态误差。

例　题

例 4-1　已知系统方框图如 4.1 所示，现作用于系统的输入信号 $x_i(t)=\sin2t$，当系统的传递函数如以下三种情况所示时，试求系统的稳态输出。

(1) $G(s)=\dfrac{5}{s+1}$, $H(s)=1$。

(2) $G(s)=\dfrac{5}{s}$, $H(s)=1$。

(3) $G(s)=\dfrac{5}{s+1}$, $H(s)=2$。

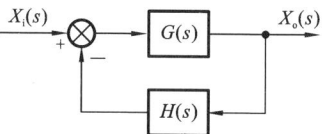

图 4.1　系统方框图（一）

解　因为输入信号 $x_i(t)=\sin2t$，所以输入的幅值 $X_i=1$，输入的角频率 $\omega=2$。

(1) 因为
$$G_b(s)=\frac{G(s)}{1+G(s)H(s)}=\frac{5}{s+6}$$

所以
$$G_b(j\omega)=\frac{5}{6+j\omega}=\frac{5}{\sqrt{36+\omega^2}}\exp\left(-\arctan\frac{\omega}{6}\right)\bigg|_{\omega=2}=\frac{5}{\sqrt{40}}\exp(-j18.4°)$$
$$x_o(t)=X_i|G(j\omega)|\sin[\omega t+\angle G(j\omega)]=0.79\sin(2t-18.4°)$$

(2) 因为
$$G_b(s)=\frac{G(s)}{1+G(s)H(s)}=\frac{5}{s+5}$$

所以
$$G_b(j\omega)=\frac{5}{5+j\omega}=\frac{5}{\sqrt{25+\omega^2}}\exp\left(-\arctan\frac{\omega}{5}\right)\bigg|_{\omega=2}=\frac{5}{\sqrt{29}}\exp(-j21.8°)$$
$$x_o(t)=X_i|G(j\omega)|\sin[\omega t+\angle G(j\omega)]=0.93\sin(2t-21.8°)$$

(3) 因为
$$G_b(s)=\frac{G(s)}{1+G(s)H(s)}=\frac{5}{s+11}$$

所以
$$G_b(j\omega)=\frac{5}{11+j\omega}=\frac{5}{\sqrt{121+\omega^2}}\exp\left(-\arctan\frac{\omega}{11}\right)\bigg|_{\omega=2}=\frac{5}{\sqrt{125}}\exp(-j10.3°)$$
$$x_o(t)=X_i|G(j\omega)|\sin[\omega t+\angle G(j\omega)]=\frac{\sqrt{5}}{5}\sin(2t-10.3°)$$

例 4-2　已知某系统的开环传递函数为
$$G(s)H(s)=\frac{200(s+5)}{s(s+1)(s^2+8s+100)}$$

(1) 绘制其对数频率特性曲线（伯德图），要求标明斜率和各种频率；

（2）根据自己绘制的伯德图，表示出系统的幅值交界频率、相位交界频率、幅值裕量和相位裕量；判断对应闭环系统的稳定性并说明理由。

解 （1）典型环节标准化：

$$G(s)H(s) = \frac{10\left(\frac{1}{5}s+1\right)}{s(s+1)\left(\frac{1}{100}s^2+\frac{1}{8}s+1\right)}$$

列出转折频率如下。

比例环节：

$$K = 10$$
$$x_i(t) = \sin 2t$$

一阶惯性环节：

$$\omega_1 = 1 \text{ rad/s}$$

一阶微分环节：

$$\omega_2 = 5 \text{ rad/s}$$

振荡环节：

$$\omega_3 = 10 \text{ rad/s}$$

绘制伯德图如图 4.2 所示。

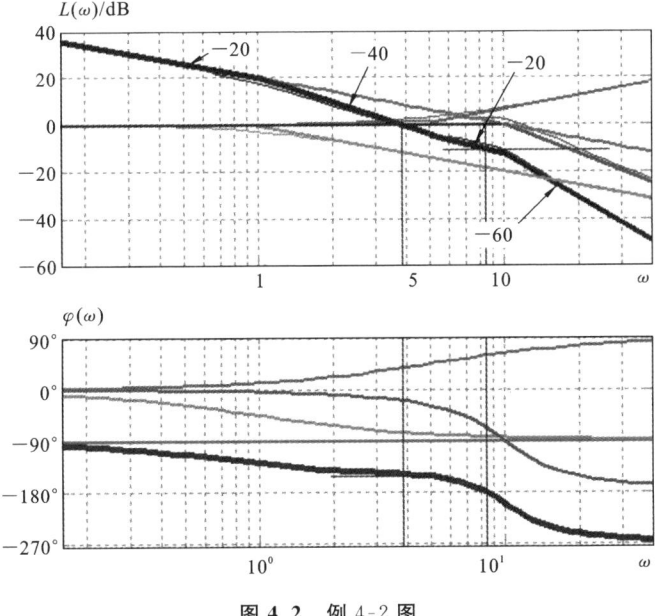

图 4.2 例 4-2 图

（2）在伯德图上绘出幅值裕量、相位裕量，它们均为正值，即幅值交界频率小于相位交界频率，因此，根据对数判据，对应闭环系统是不稳定的。

例 4-3 由质量、弹簧、阻尼器组成的机械系统如图 4.3 所示。已知，$m=1$ kg，k 为弹簧的刚度，c 为阻尼系统。若外力 $f(t)=2\sin 2t$，由试验得到系统稳态响应为 $x_{oss}=\sin(2t-\pi/2)$，试确定 k 和 c 的值。

解 系统微分方程：

$$mx_o''(t)+cx_o'(t)+kx_o(t)=f(t)$$

传递函数：

$$G(s)=\frac{1}{ms^2+cs+k} \quad (其中\ m=1)$$

频率特性：

$$G(j\omega)=\frac{1}{k-\omega^2+jc\omega}$$

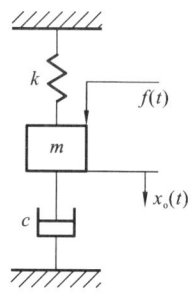

图 4.3 机械系统（一）

幅频特性：

$$|G(j\omega)|=\frac{1}{\sqrt{(k-\omega^2)^2+c^2\omega^2}}$$

相频特性：

$$\angle G(j\omega)=-\arctan\left(\frac{c\omega}{k-\omega^2}\right)$$

当 $\omega=2$ 时，有

$$\frac{1}{\sqrt{(k-\omega^2)^2+c^2\omega^2}}=\frac{1}{2}$$

$$-\arctan\left(\frac{c\omega}{k-\omega^2}\right)=-\frac{\pi}{2}$$

解得

$$k=4, \quad c=1$$

例 4-4 某闭环控制系统，其传递函数的极点为 A、B_1、B_2（其中 B_1、B_2 共轭），零点为 C，如图 4.4 所示。试求解以下问题：

(1) 该闭环系统的传递函数；
(2) 判断系统是否为最小相位系统，并说明理由；
(3) 判断系统的稳定性，并说明理由。

解 (1) 由图可知，系统传递函数为

$$G(s)=\frac{k(s-2)}{(s+6)(s+4+2j)(s+4-2j)}$$

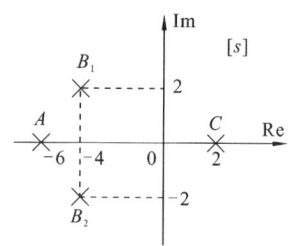

图 4.4 某闭环控制系统的极点和零点示意图

(2) 由于传递函数有右零点，因此该系统不是最小相位系统。

(3) 极点位于 s 平面的左半平面，故系统稳定。

例 4-5 （1）用绘图的方法表示出系统的幅值交界频率、相位交界频率、幅值裕量和相位裕量。注意：幅值裕量和相位裕量要表示出正负两种情况。

（2）系统的开环频域指标有哪些？

（3）如果系统的开环传递函数没有右极点，当幅值交界频率小于相位交界频率时，对应闭环系统是否稳定？为什么？

解 （1）分别用伯德图和奈奎斯特图绘制，如图 4.5 所示。

（2）开环频域指标：幅值裕量、相位裕量和穿越频率。

（3）当幅值交界频率小于相位交界频率时，对应闭环系统是稳定的，因为幅值裕量、相位裕量都是正值，开环频率特性曲线没有包围点（-1,j0），或者说无论幅值还是相位都没有达到临界稳定状态。

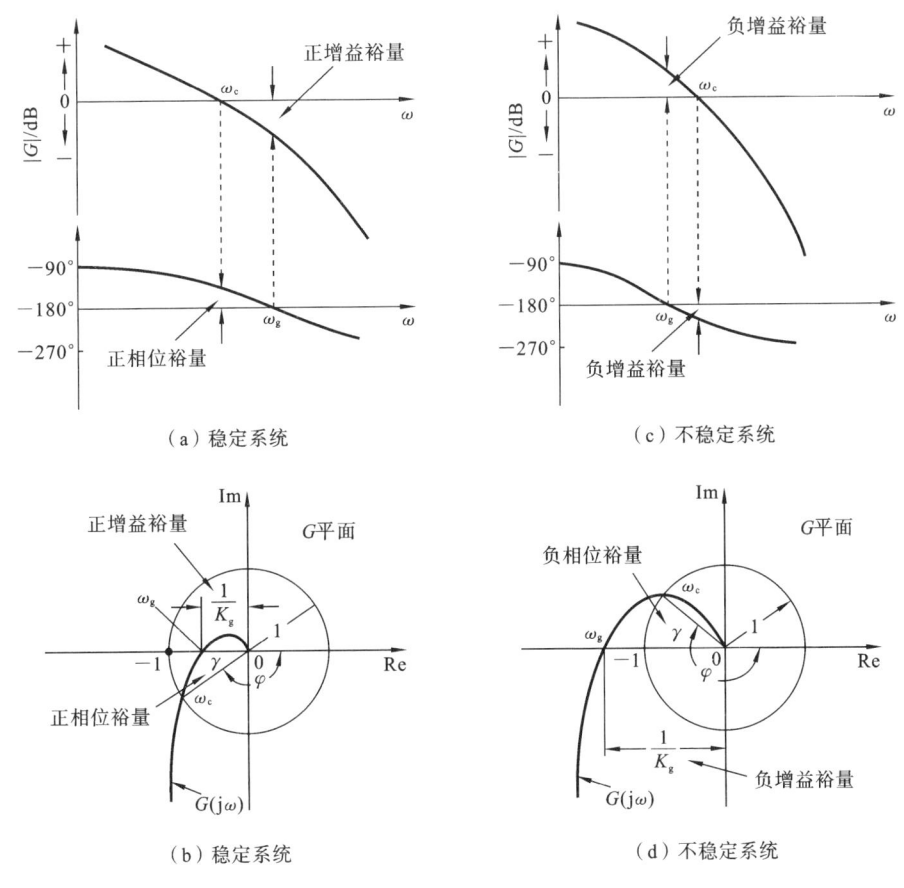

图 4.5 例 4-5 图

例 4-6 试确定图 4.6 所示各系统的开环放大系数 K 的稳定域，并说明积分环节数目对系统稳定性的影响。

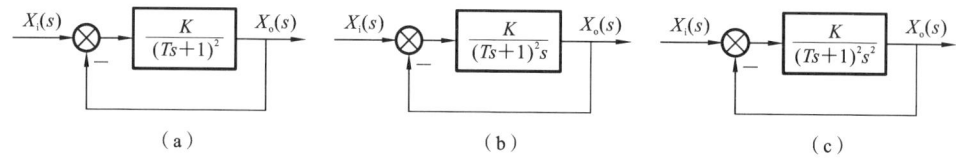

图 4.6 不同系统方框图

解 （a）闭环特征方程为

$$T^2s^2+2Ts+(1+K)=0$$

稳定条件：

$$T>0, \quad 1+K>0$$

K 的稳定域为

$$K>-1$$

（b）闭环特征方程为

$$T^2s^3+2Ts^2+s+K=0$$

稳定条件：

$$T>0, \quad K>0, \quad 2T-KT^2>0$$

K 的稳定域为

$$0<K<2/T$$

（c）闭环特征方程为

$$T^2s^4+2Ts^3+s^2+K=0$$

由于缺 s^1 项，因此不存在 K 的稳定域。

由此可见，增加系统积分环节对系统稳定性不利。

例 4-7 已知某系统的开环传递函数为

$$G(s)H(s)=\frac{2560(s+4)}{s(s+2)(s^2+8s+64)}$$

（1）绘制其对数频率特性曲线（伯德图），并要求标明斜率和各种频率；

（2）在图上标注出系统的稳定裕量（不要求数值精确，但要标明正负），判断闭环系统的稳定性，并说明理由。

解 典型环节标准化：

$$G(s)H(s)=\frac{80\left(\frac{1}{4}s+1\right)}{s\left(\frac{1}{2}s+1\right)\left(\frac{1}{64}s^2+\frac{1}{8}s+1\right)}$$

列出转折频率如下。

惯性环节： $\omega_{T1}=2$ rad/s

导前环节： $\omega_{T2}=4$ rad/s

振荡环节： $\omega_{T3}=8$ rad/s

$20\lg 80=38$ dB

绘制伯德图如图 4.7 所示。

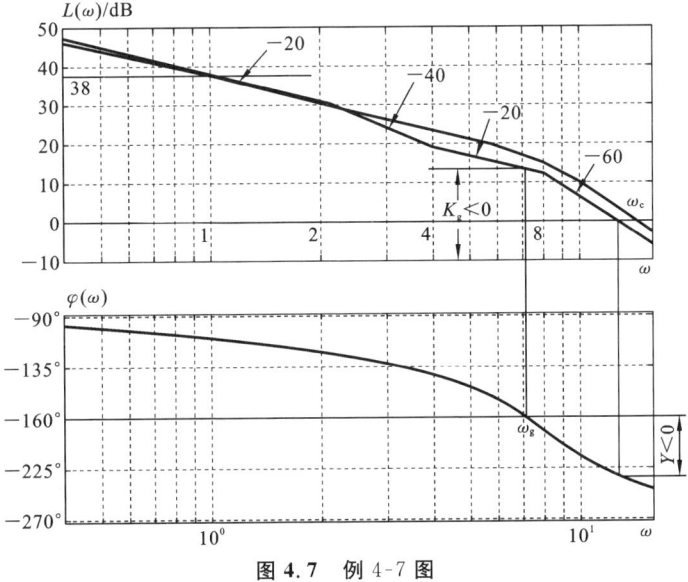

图 4.7　例 4-7 图

（2）在伯德图上绘出幅值裕量、相位裕量，它们均为正值，即幅值交界频率小于相位交界频率，因此，根据对数判据，对应闭环系统是不稳定的。

例 4-8　设系统的开环频率特性如图 4.8 所示，试判断系统的稳定性。其中 p 为开环右极点数，r 为开环传递函数中的积分环节个数。

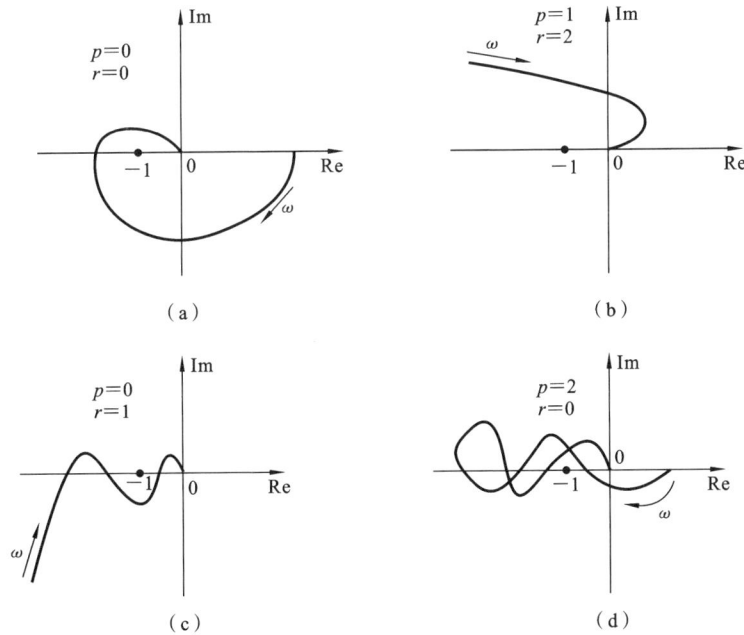

图 4.8　系统的开环频率特性

解 （a）不稳定。
（b）稳定。
（c）不稳定。
（d）稳定。

例 4-9 图 4.9 所示为某系统的开环伯德图,请写出系统的开环传递函数。

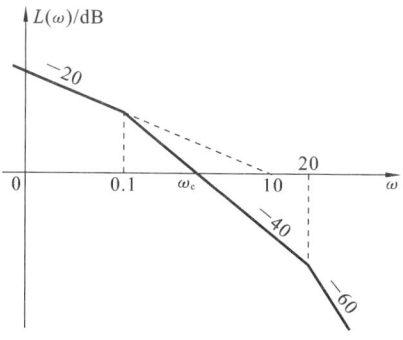

图 4.9 系统的开环伯德图

解 由图可知,系统存在两个转折频率 0.1 和 20,故

$$G(s)H(s) = \frac{K}{s\left(\frac{1}{0.1}s+1\right)\left(\frac{1}{20}s+1\right)}$$

当 $\omega=10$ 时,$20\lg K - 20\lg\omega = 20\lg\frac{K}{10} = 0$,得 $K=10$。

（3）写出系统的开环传递函数:

$$G(s)H(s) = \frac{10}{s\left(\frac{1}{0.1}s+1\right)\left(\frac{1}{20}s+1\right)} \quad 或 \quad G(s)H(s) = \frac{200}{s(10s+1)(s+20)}$$

例 4-10 图 4.10 所示为一最小相位系统的对数幅频特性图,试求该系统的传递函数 $G(s)$。

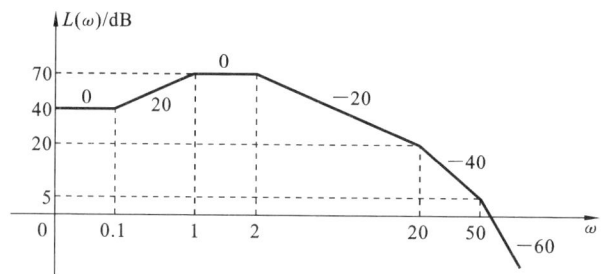

图 4.10 最小相位系统的对数幅频特性

解 系统低频段斜率为 0 dB/dec,即系统为 0 型系统,有 $20\lg K = 40$,则 $K = 100$。

对应的典型环节分别为

$$\frac{1}{0.1s+1}, \quad \frac{1}{s+1}, \quad \frac{1}{\frac{1}{2}s+1}, \quad \frac{1}{\frac{1}{20}s+1}, \quad \frac{1}{\frac{1}{50}s+1}$$

综上所述,系统的传递函数为

$$G(s) = \frac{100(10s+1)}{(s+1)(0.5s+1)(0.05s+1)(0.02s+1)}$$

例 4-11 设不同系统的开环频率特性如图 4.11 所示,试判断闭环系统的稳定性。其中 q 为开环右极点数,v 为开环传递函数中的积分环节个数。

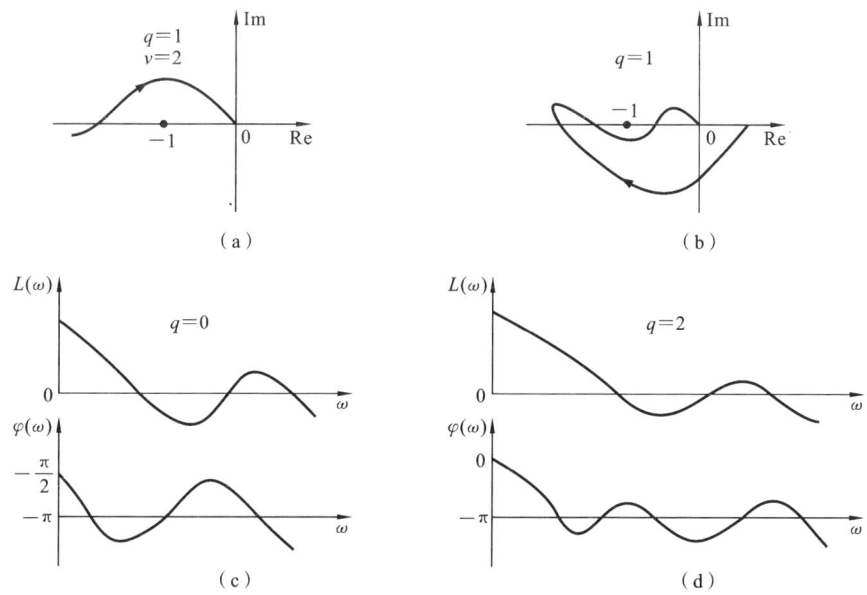

图 4.11 不同系统的开环频率特性

解 (a) 已知 $q=1$,而在 $-1 \sim \infty$ 的范围内,正负穿越之差为 $0-1=-1 \neq 1/2$,故系统闭环不稳定。

(b) 已知 $q=1$,而在 $-1 \sim \infty$ 的范围内,正负穿越之差为 $1-1=0 \neq 1/2$,故系统闭环不稳定。

(c) 已知 $q=0$,而在 $L(\omega)>0$ 的范围内,正负穿越之差为 $0-2=-2 \neq 0/2$,故系统闭环不稳定。

(d) 已知 $q=2$,而在 $L(\omega)>0$ 的范围内,正负穿越之差为 $2-1=1=2/2$,故系统闭环稳定。

例 4-12 由质量、弹簧、阻尼器组成的机械系统如图 4.12 所示。已知:k 为弹簧的刚度,c 为阻尼系数,$m=1$ kg。若外力 $f(t)=10\sin5t$,由试验得到系统的稳态响应为 $x_\circ = \sin\left(5t - \frac{\pi}{2}\right)$,试确定 k 和 c 的值。

解 系统微分方程：
$$m x''_o(t) + c x'_o(t) + k x_o(t) = f(t)$$

传递函数：
$$G(s) = \frac{1}{ms^2 + cs + k} \quad \text{（其中 } m=1\text{）}$$

频率特性：
$$G(j\omega) = \frac{1}{k - \omega^2 + jc\omega}$$

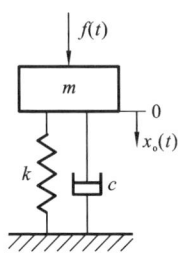

图 4.12 机械系统（二）

幅频特性：
$$|G(j\omega)| = \frac{1}{\sqrt{(k-\omega^2)^2 + c^2\omega^2}}$$

相频特性：
$$\angle G(j\omega) = -\arctan\left(\frac{c\omega}{k-\omega^2}\right)$$

当 $\omega = 5$ 时，有
$$\frac{1}{\sqrt{(k-\omega^2)^2 + c^2\omega^2}} = \frac{1}{10}, \quad -\arctan\left(\frac{c\omega}{k-\omega^2}\right) = -\frac{\pi}{2}$$

解得
$$k = 25, \quad c = 2$$

例 4-13 已知系统的开环传递函数 $G_k(s) = \dfrac{400(s+5)}{s(s+1)(s+10)(s+20)}$，试解答以下问题：

（1）绘制其开环对数频率特性曲线（伯德图），在图中需标出转折频率、斜率、幅值穿越频率 ω_c 及相位穿越频率 ω_g 等；

（2）绘出其开环奈奎斯特图的大致形状。

解 将系统开环传递函数的每个环节标准化：
$$G_k(s) = \frac{10(0.2s+1)}{s(s+1)(0.1s+1)(0.05s+1)}$$

列出转折频率如下。

比例环节： $K = 10$

一阶惯性环节：
$$\omega_1 = 1 \text{ rad/s}$$
$$\omega_2 = 10 \text{ rad/s}$$
$$\omega_3 = 20 \text{ rad/s}$$

一阶微分环节： $\omega_4 = 5 \text{ rad/s}$

（1）伯德图如图 4.13(a)所示。

(2) 奈奎斯特图如图 4.13(b)所示。

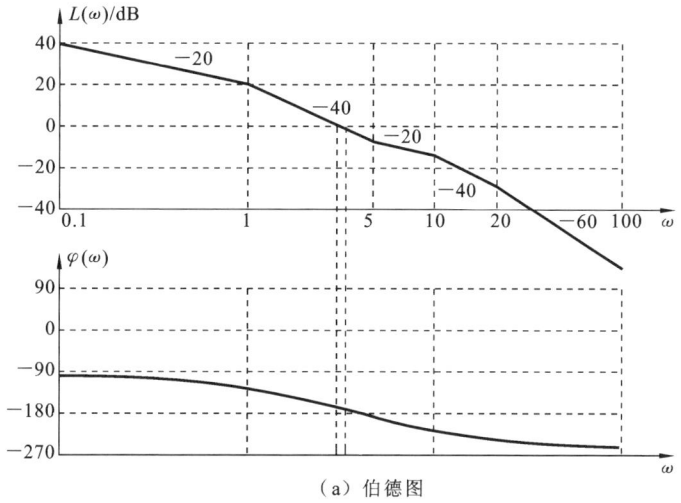

(a) 伯德图

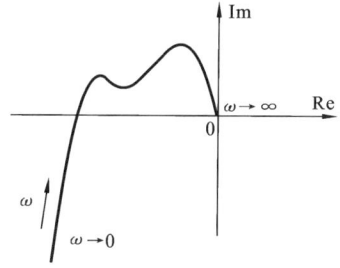

(b) 奈奎斯特图

图 4.13 例 4-13 图

例 4-14 某系统的方框图如图 4.14 所示。已知当系统的输入为 $x(t)=2\sin t$ 时,由试验测得系统的稳态输出为 $e(t)=4\sin(t-45°)$,试确定该系统的参数 ξ 和 ω_n。(保留小数点后两位)

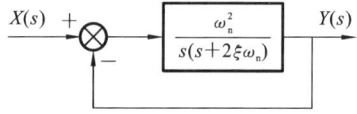

图 4.14 系统方框图(二)

解 系统的闭环传递函数为

$$G_b(s)=\frac{\omega_n^2}{s^2+2\xi\omega_n s+\omega_n^2}$$

系统的频率特性为

$$G_b(j\omega)=\frac{\omega_n^2}{\omega_n^2-\omega^2+j2\xi\omega_n\omega}$$

其中，幅频特性为

$$|G_b(j\omega)| = \frac{\omega_n^2}{\sqrt{(\omega_n^2-\omega^2)^2+(2\xi\omega_n\omega)^2}}$$

相频特性为

$$\angle G_b(j\omega) = -\arctan\frac{2\xi\omega_n\omega}{\omega_n^2-\omega^2}$$

由已知条件知，输入 $x(t)=2\sin t$ 时，测得系统的稳态输出 $e(t)=4\sin(t-45°)$，即当 $\omega=1$ 时，有

$$\begin{cases} |G_b(j\omega)| = \frac{\omega_n^2}{\sqrt{(\omega_n^2-\omega^2)^2+(2\xi\omega_n\omega)^2}}\bigg|_{\omega=1} = 2 \\ \angle G_b(j\omega) = -\arctan\frac{2\xi\omega_n\omega}{\omega_n^2-\omega^2}\bigg|_{\omega=1} = -45° \end{cases}$$

即

$$\begin{cases} \frac{\omega_n^2}{\sqrt{(\omega_n^2-1)^2+(2\xi\omega_n)^2}} = 2 \\ -\arctan\frac{2\xi\omega_n}{\omega_n^2-1} = -45° \end{cases}$$

求解得

$$\omega_n = 1.244, \quad \xi = 0.22$$

例 4-15 已知某系统的开环传递函数为

$$G(s)H(s) = \frac{2000}{s(s+0.1)(s+20)}$$

试解答以下问题。

(1) 绘制其对数频率特性曲线(伯德图)，并标明斜率和各种频率；

(2) 在图上标注出系统的稳定裕量(不要求数值精确，但要标明正负)，判断闭环系统的稳定性，并说明理由。

解 (1) 典型环节标准化：

$$G(s)H(s) = \frac{1000}{s(10s+1)\left(\frac{1}{20}s+1\right)}$$

列出转折频率如下。

比例环节：$20\lg 1000 = 120$ dB

积分环节：$\frac{1}{s}$

一阶惯性环节：$\omega_1 = 0.1$ rad/s

一阶微分环节：$\omega_2 = 20$ rad/s

绘制伯德图如图 4.15 所示。

(2) 幅值裕量、相频裕量如图 4.15 所示，由于二者均小于零，因此系统不稳定。

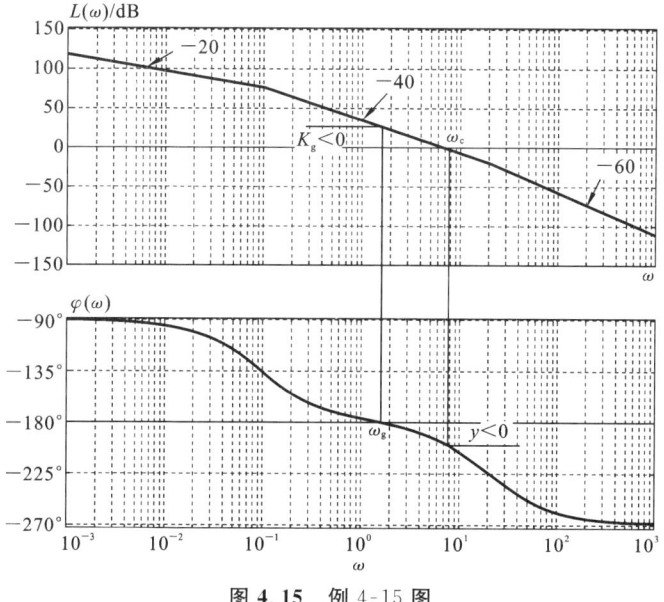

图 4.15 例 4-15 图

例 4-16 在脑外科、眼外科等手术中,患者肌肉的无意识运动可能会导致灾难性的后果。为了保证合适的手术条件,可以采用控制系统实施自动麻醉,以保证稳定的用药量,使患者肌肉放松。通过频率响应试验求得该最小相位系统的对数幅频特性如图 4.16 所示,试求该系统的传递函数 $G(s)$。

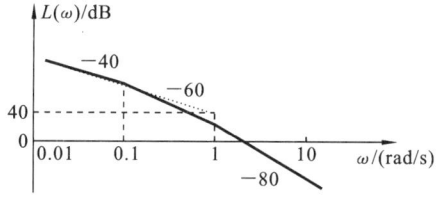

图 4.16 自动麻醉控制系统对数幅频特性

解 系统低频段斜率为 40 dB/dec,即系统为 II 型系统,含有两个积分环节 $\frac{1}{s}$。

根据对数幅频特性知,点 (1,40) 在低频段直线上,有 $20\lg K - 40\lg 1 = 40$,则
$$K = 100$$
系统存在 2 个转折频率:0.1 rad/s,1 rad/s。其对应的典型环节分别为
$$\frac{1}{\frac{1}{0.1}s+1}, \quad \frac{1}{s+1}$$
综上所述,系统的传递函数为
$$G(s)H(s) = \frac{100}{s^2(s+1)(10s+1)}$$

例 4-17 已知系统的开环传递函数为
$$G(s)=\frac{1000(0.5s+1)}{s(2s+1)(s^2+10s+100)}$$
试绘制该系统的开环伯德图。

解 首先将系统的传递函数写成标准形式：
$$G(s)=10\left(\frac{s}{2}+1\right)\cdot\frac{1}{s}\cdot\frac{1}{\frac{s}{0.5}+1}\cdot\frac{100}{s^2+10s+100}$$

可知该系统由下列典型环节组成。

比例环节： 10

惯性环节： $1/(s/0.5+1)$，转折频率 0.5 rad/s

一阶微分环节： $s/2+1$，转折频率 2 rad/s

积分环节： $1/s$

振荡环节： $100/(s^2+10s+100)$，转折频率 10 rad/s

绘制的伯德图如图 4.17 所示。

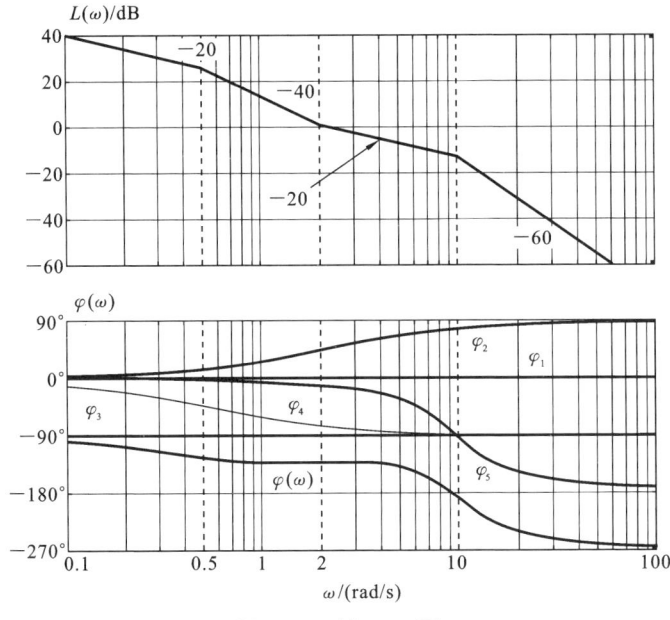

图 4.17 例 4-17 图

例 4-18 已知某控制系统的单位阶跃响应为 $x_o(t)=\frac{5}{8}(1-2e^{-2t}+e^{-4t})$，试解答以下问题。

(1) 试求该系统的传递函数。

(2) 求系统在输入信号为 $x_i(t)=0.2\sin(2t+45°)$ 时的稳态输出。

解 (1) 由题意对系统响应进行拉氏变换：

$$L^{-1}[x_o(t)] = \frac{5}{8}\left(\frac{1}{s} - 2\frac{1}{s+2} + \frac{1}{s+4}\right) = \frac{5}{8}\left(\frac{8}{s(s+2)(s+4)}\right) = \frac{5}{s(s+2)(s+4)}$$

系统的传递函数为

$$G(s) = \frac{5}{(s+2)(s+4)} = \frac{5}{8(0.5s+1)(0.25s+1)}$$

(2) $\quad A(\omega) = \frac{5}{8}\frac{1}{\sqrt{1+(0.5\omega)^2}\sqrt{1+(0.25\omega)^2}}, \quad A(2) = \frac{\sqrt{2.5}}{4}$

$$\varphi(\omega) = -\arctan 0.5\omega - \arctan 0.25\omega$$

$$\varphi(2) = -\arctan 1 - \arctan 0.5$$

$$x_o(t) = \frac{\sqrt{2.5}}{20}\sin(2t - \arctan 0.5)$$

例 4-19 已知开环最小相位系统的对数幅频特性如图 4.18 所示,试解答以下问题。

(1) 写出开环传递函数 $G_k(s)$ 的表达式;

(2) 概略绘制系统开环的奈奎斯特图。

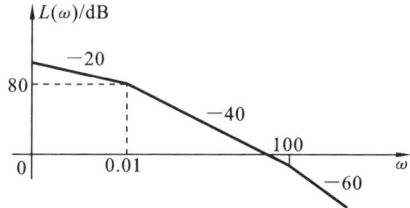

图 4.18 开环最小相位系统的对数幅频特性

解 (1) $G_k(s)$ 的表达式:

$$G_k(s) = \frac{100}{s(100s+1)(0.01s+1)}$$

(2) 绘制系统开环奈奎斯特图如图 4.19 所示。

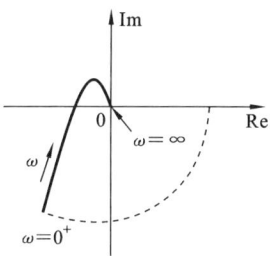

图 4.19 例 4-19 图

例 4-20 已知某系统的开环传递函数为

$$G(s)H(s) = \frac{320(s+4)}{s(s+2)(s^2+8s+64)}$$

试解答以下问题。

(1) 绘制其对数频率特性曲线(伯德图),并标明斜率和各频率;

(2) 在图上标注出系统的稳定裕量(不要求数值精确,但要标明正负),判断闭环系统的稳定性,并说明理由。

解 (1) 典型环节标准化:

$$G(s)H(s) = \frac{10\left(\frac{1}{4}s+1\right)}{s\left(\frac{1}{2}s+1\right)\left(\frac{1}{64}s^2+\frac{1}{8}s+1\right)}$$

列出转折频率如下。

比例环节:　　　　　　$20\lg 10 = 20$ dB

惯性环节:　　　　　　$\omega_1 = 2$ rad/s

一阶微分环节:　　　　$\omega_2 = 4$ rad/s

振荡环节:　　　　　　$\omega_3 = 8$ rad/s

绘制伯德图如图 4.20 所示。

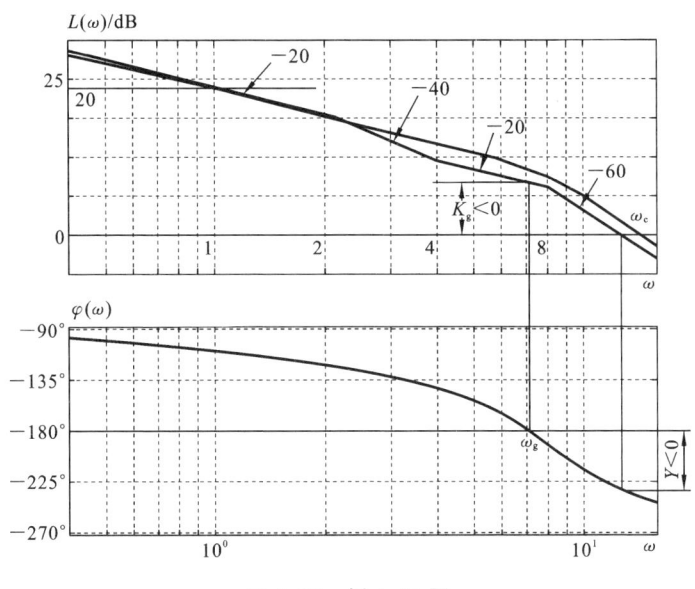

图 4.20　例 4-20 图

(2) 幅值裕量、相频裕量如图 4.20 所示,由于二者均小于零,因此系统不稳定。

例 4-21　不同系统的伯德图如图 4.21 所示,试判定哪种系统不稳定、哪种系统临界稳定、哪种系统稳定,并说明理由。通过伯德图判定一个系统稳定的依据是什么?

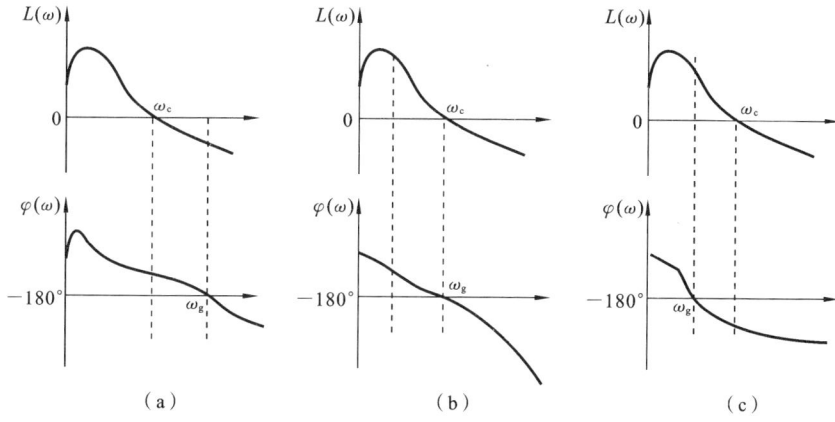

图 4.21 不同系统的伯德图

解 （a）由于相位裕量＞0，幅值裕量＞0，因此该系统稳定；

（b）由于相位裕量＝0，幅值裕量＝0，因此该系统临界稳定；

（c）由于相位裕量＜0，幅值裕量＜0，因此该系统不稳定。

通过伯德图判定一个系统稳定的依据：在所有 $L(\omega)\geqslant0$ 的频段内，相频特性曲线穿越$-180°$线的次数 $N_+-N_-=p/2$（p 为开环右极点数，即开环特征方程的右根数），则闭环系统稳定。

例 4-22 已知某一单位负反馈控制系统的单位阶跃响应为 $x(t)=1-1.8e^{-4t}+0.8e^{-9t}$，试解答以下问题。

（1）绘制其开环对数频率特性曲线（伯德图）；

（2）根据绘制的伯德图，判断对应闭环系统的稳定性。

解（1）$x(t)$ 的拉氏变换为

$$X(s)=\frac{1}{s}-\frac{1.8}{s+4}+\frac{0.8}{s+9}=\frac{36}{s(s+4)(s+9)}$$

输入为单位阶跃信号，故有

$$G(s)=\frac{X(s)}{X_i(s)}=\frac{\dfrac{36}{s(s+4)(s+9)}}{\dfrac{1}{s}}=\frac{36}{(s+4)(s+9)}$$

因为系统为单位负反馈，所以

$$G_k(s)=\frac{G(s)}{1-G(s)}=\frac{36}{s^2+13s}=\frac{36/13}{s\left(\dfrac{1}{13}s+1\right)}$$

积分环节：$\dfrac{1}{s}$；

惯性环节的转折频率：13 rad/s。

(1) 伯德图如图 4.22 所示。

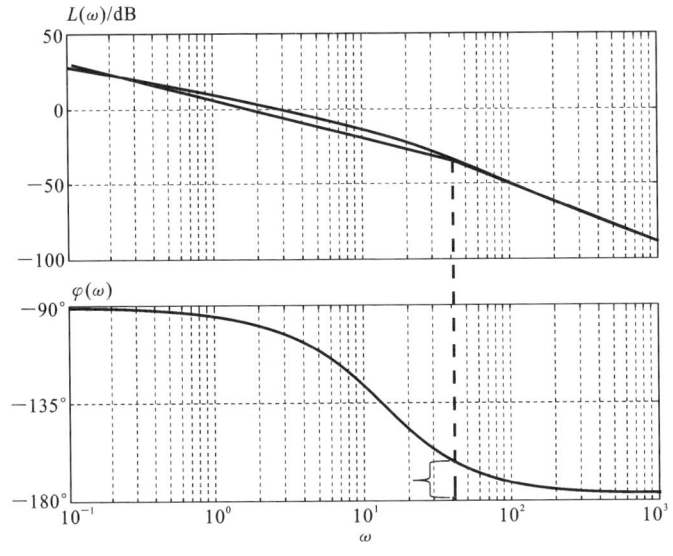

图 4.22 例 4-22 图

(2) 幅值裕量和相位裕量大于零,故系统稳定。

例 4-23 设某单位负反馈控制系统的开环传递函数为 $G(s)=\dfrac{6}{s(s+1)}$,求输入信号 $x(t)=2\cos(-2t+45°)$ 时的稳态输出。

解 系统为单位负反馈系统,故闭环传递函数为

$$G_b(s)=\dfrac{G(s)}{1+G(s)}=\dfrac{6}{s^2+s+6}$$

根据频率特性,可得

$$A(\omega)=\dfrac{6}{\sqrt{(6-\omega^2)^2+\omega^2}}$$

$$\varphi(\omega)=-\arctan\dfrac{\omega}{6-\omega^2}$$

输入信号为

$$x(t)=2\cos(-2t+45°)=2\sin(2t+45°)$$

则有

$$A_i=2,\quad \varphi_i=45°$$

故

$$A_o=A_i\cdot A(2)=2\cdot\dfrac{6}{\sqrt{(6-2^2)^2+2^2}}=3\sqrt{2}$$

$$\varphi_o=\varphi_i+\varphi(2)=45°-\arctan\dfrac{2}{6-2^2}=0°$$

则稳态输出为
$$x_o(t) = 3\sqrt{2}\sin 2t$$

例 4-24 设某控制系统的方框图如图 4.23 所示,其中 $\xi=0.5, \omega_n=30, K_1>0$。

(1) 试用劳斯判据确定：K_1 取何值时,系统闭环稳定？

(2) 根据系统闭环稳定时的 K_1 范围,试画出开环奈奎斯特图(区间及大致趋势)。

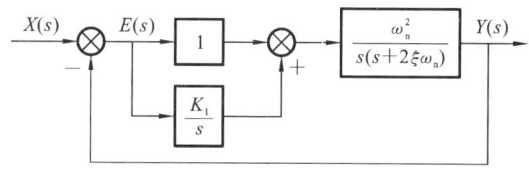

图 4.23 控制系统方框图(一)

解 (1) 由图知 $H(s)=1$,系统为单位反馈闭环系统,其开环传递函数为
$$G(s)H(s) = \left(\frac{K_1}{s}+1\right)\frac{\omega_n^2}{s(s+2\xi\omega_n)}$$

则系统的闭环传递函数为
$$\frac{Y(s)}{X(s)} = \frac{\omega_n^2(s+K_1)}{s^3+2\xi\omega_n s^2+\omega_n^2 s+\omega_n^2 K_1}$$

将 $\xi=0.5, \omega_n=30$ 代入上式,得
$$\frac{Y(s)}{X(s)} = \frac{900(s+K_1)}{s^3+30s^2+900s+900K_1}$$

系统的特征方程为
$$s^3+30s^2+900s+900K_1=0$$

列出劳斯阵列：

s^3	1	900
s^2	30	$900K_1$
s^1	$\dfrac{2700-900K_1}{30}$	0
s^0	$900K_1$	

所以,当 $\begin{cases} 2700-900K_1>0 \\ 900K_1>0 \end{cases}$,即 $0<K_1<30$ 时,系统稳定。

(2) 由于
$$G(s)H(s) = \left(\frac{K_1}{s}+1\right)\frac{\omega_n^2}{s(s+2\xi\omega_n)} = \frac{30\times\dfrac{1}{k_1}\times\left(\dfrac{s}{k_1}+1\right)}{s^2\times\left(\dfrac{s}{30}+1\right)}$$

因此，系统开环奈奎斯特图如图 4.24 所示。

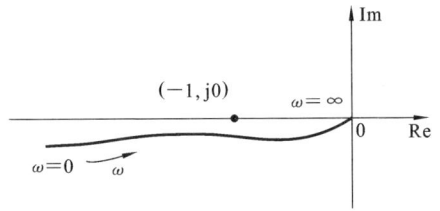

图 4.24　例 4-24 图

例 4-25　不同最小相位系统的伯德图如图 4.25 所示，试判定系统的稳定性并说明理由。

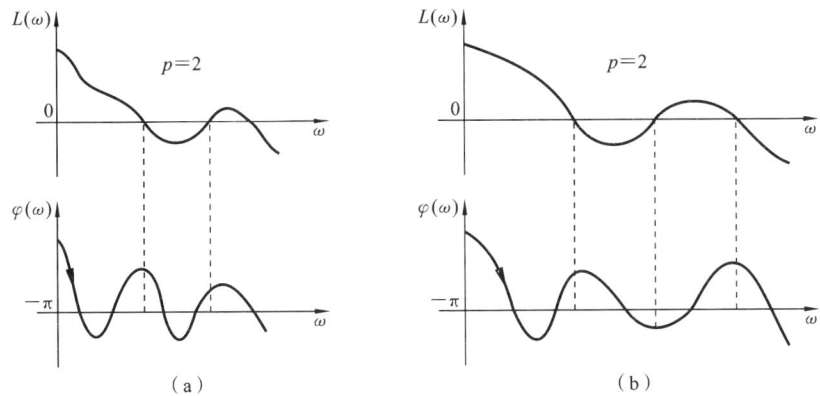

图 4.25　不同最小相位系统的伯德图

解　(a) $p=2$，系统开环不稳定，在 $L(\omega) \geqslant 0$ 的情况下，正负穿越之差为 $1-2=-1 \neq \dfrac{p}{2}$，闭环系统不稳定。

(b) $p=2$，系统开环不稳定，在 $L(\omega) \geqslant 0$ 的情况下，正负穿越之差为 $2-1=1=\dfrac{p}{2}$，闭环系统稳定。

例 4-26　设控制系统的方框图如图 4.26 所示，已知 $T_1(t)=0.1, T_2(t)=0.25$，试求：

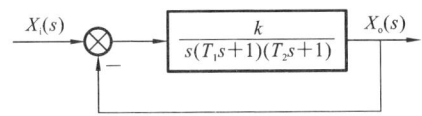

图 4.26　控制系统方框图(二)

(1) 系统稳定时 k 的取值范围；

(2) 若要使系统临界稳定，则 k 值为多少？概略绘制此时系统开环的奈奎斯特图。

解 (1) $G_b(s) = \dfrac{k}{s(T_1s+1)(T_2s+1)+k}$

$= \dfrac{k}{0.025s^3+0.35s^2+s+k}$

根据劳斯判据：

$$0.35 \times 1 > 0.025 \times k$$

所以

$$0 < k < 14$$

(2) 系统临界稳定（k 不为 0），则 $k=14$，其奈奎斯特图如图 4.27 所示。

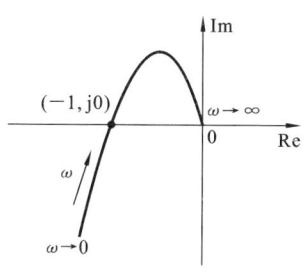

图 4.27 例 4-26 图

例 4-27 单位负反馈系统的开环传递函数 $G_k(s) = \dfrac{2(0.5s+1)}{s(5s+1)(0.25s+1)}$，其开环增益为多少？开环对数幅频特性渐近线在 $\omega=1$ 处的斜率为多少？

解 系统开环增益为 2。

转折频率为 $\omega_1=0.2$（惯性环节），$\omega_2=2$（一阶微分环节），$\omega_3=4$（惯性环节）。

故在 $\omega=1$ 处的斜率为 -40 dB/dec。

例 4-28 某闭环控制系统的传递函数为 $G(s) = \dfrac{32(s+1)}{(s+2)(s^2+6s+25)}$，试确定系统的零点和极点，并在复平面坐标系中标示出零点和极点的位置。

解 由闭环控制系统的传递函数可得：系统的零点为 $A(-1,0)$；极点为 $B(-2, 0j)$、$C_1(-3, 4j)$、$C_2(-3, -4j)$，如图 4.28 所示。

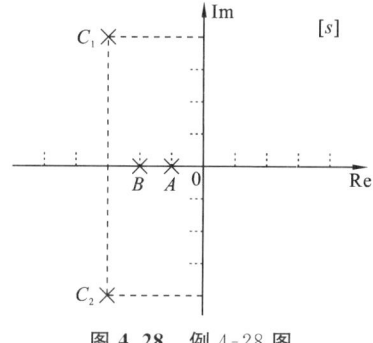

图 4.28 例 4-28 图

例 4-29 某系统的开环传递函数为 $G_k(s) = \dfrac{480(s+3)}{(s+1)(s^2+10s+144)}$，试绘制其开环对数频率特性曲线（伯德图）。

解 (1) 典型环节标准化：

$$G_k(s) = \dfrac{10\left(\dfrac{1}{3}s+1\right)}{(s+1)\left(\dfrac{1}{144}s^2+\dfrac{5}{72}s+1\right)}$$

列出转折频率如下。

比例环节： $20\lg 10 = 20$ dB

惯性环节： $\omega_1 = 1$ rad/s

一阶微分环节： $\omega_2 = 3$ rad/s

振荡环节： $\omega_3 = 12$ rad/s

绘制伯德图如图 4.29 所示。

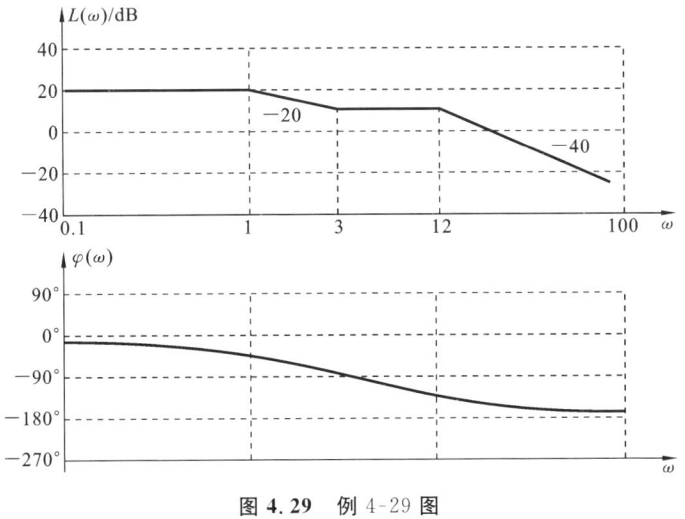

图 4.29 例 4-29 图

例 4-30 有两个最小相位系统的开环频率特性如图 4.30(a)和(b)所示，试分别判断这两个系统的稳定性，并说明理由。

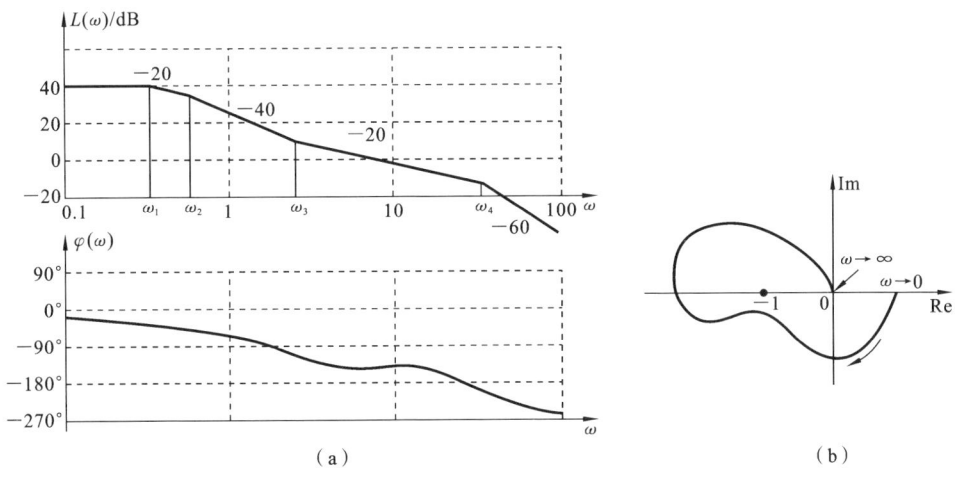

图 4.30 开环频率特性

解 由图(a)知，$\gamma(\omega_c) > 0$，$k_g > 0$，故该系统闭环稳定。

由图(b)知,系统开环稳定,但奈奎斯特曲线负包围点(-1,j0)1圈,故该系统闭环不稳定。

例 4-31 系统开环频率特性与其闭环的时间响应密切相关。通常精确的开环对数幅频特性完全反映了闭环系统的性能。试根据图 4.31 所示的开环对数幅频特性曲线(伯德图),分析系统的性能。

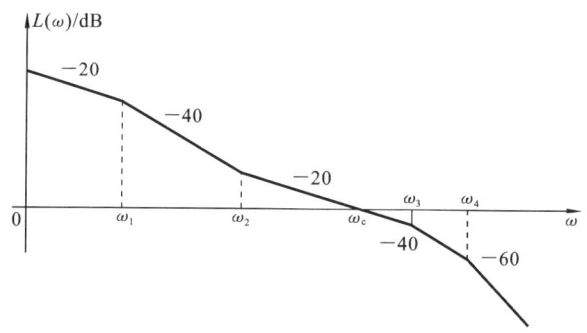

图 4.31 开环对数幅频特性曲线

解 ① 低频段:低频渐近线的斜率及高度反映了系统的稳态性能。图示为 Ⅰ 型系统,当输入速度信号时,其稳态误差取决于低频渐近线的高度。

② 中频段:反映了系统的动态特性(系统稳定性及响应快速性)。图示系统,幅值穿越频率 ω_c 的大小反映了系统的响应快速性,ω_c 处的斜率为 -20 dB/dec,反映了系统稳定性。为使系统闭环稳定,一般 ω_c 处的斜率应大于 -40 dB/dec。

③ 高频段:反映了系统的抗干扰能力,高频渐近线的斜率越小(线越陡),幅值衰减越快,抗干扰能力越强。图示系统,高频渐近线的斜率为 -60 dB/dec,具有较强的抗干扰能力。

例 4-32 某控制系统的单位脉冲响应为 $x_o(t) = \dfrac{12}{\sqrt{23}} e^{-\frac{1}{2}t} \sin \dfrac{\sqrt{23}}{2} t$,试解答以下问题:

(1) 系统的频率特性;

(2) 系统在正弦信号 $x_i(t) = \sin 2t$ 作用下的稳态响应。

解 (1) 系统闭环传递函数为

$$G_b(s) = L^{-1}\left[\frac{12}{\sqrt{23}} e^{-\frac{1}{2}t} \sin \frac{\sqrt{23}}{2} t\right] = \frac{12}{\sqrt{23}} \times \frac{\frac{\sqrt{23}}{2}}{\left(s+\frac{1}{2}\right)^2 + \frac{23}{4}} = \frac{6}{s^2 + s + 6}$$

根据频率特性,可得

$$A(\omega) = \frac{6}{\sqrt{(6-\omega^2)^2 + \omega^2}}$$

$$\varphi(\omega) = -\arctan \frac{\omega}{6-\omega^2}$$

(2) 输入信号为 $x_i(t) = \sin 2t$,则有 $A_i = 1, \varphi_i = 0°$,故稳态输出有

$$A_o = A_i \cdot A(2) = 1 \cdot \frac{6}{\sqrt{(6-2^2)^2 + 2^2}} = \frac{3\sqrt{2}}{2}$$

$$\varphi_o = \varphi_i + \varphi(2) = 0° - \arctan\frac{2}{6-2^2} = -45°$$

则稳态输出为

$$x_o(t) = \frac{3\sqrt{2}}{2}\sin(2t - 45°)$$

例 4-33 某反馈控制系统的开环对数频率特性曲线(伯德图)如图 4.32 所示,试根据图确定：

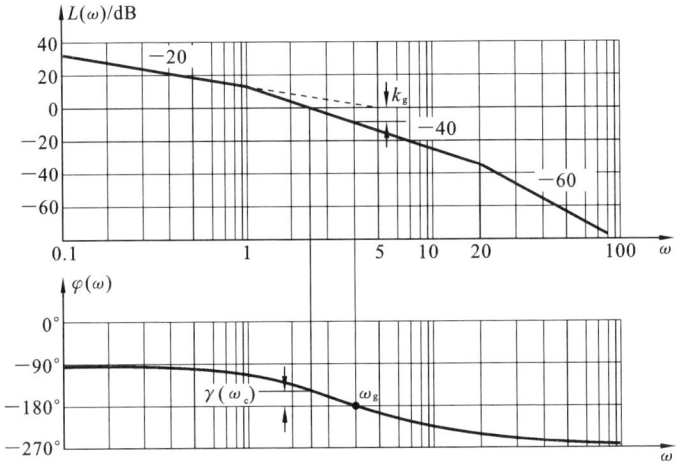

图 4.32 某反馈控制系统的伯德图

(1) 该系统的开环传递函数；

(2) 幅值穿越频率 ω_c、相位穿越频率 ω_g、幅值裕量 k_g、相位裕量 $\gamma(\omega_c)$；

(3) 闭环系统的稳定性。

解 (1) 由图知系统含有比例环节、积分环节和两个惯性环节,惯性环节的转折频率为 1 rad/s 和 20 rad/s。

系统开环传递函数为

$$G(s)H(s) = \frac{5}{s(s+1)(0.05s+1)}$$

(2) 幅值穿越频率 ω_c、相位穿越频率 ω_g、幅值裕量 k_g、相位裕量 $\gamma(\omega_c)$ 如图 4.32 所示。

(3) 由于 $\gamma(\omega_c) > 0, k_g > 0$,因此闭环系统稳定。

例 4-34 已知某系统的开环传递函数为 $G_k(s) = \dfrac{1250(s+2)}{s^2(s^2+6s+25)}$,试绘制该系统的伯德图。

解 传递函数为

$$G_k(s) = 100 \times \frac{1}{s^2} \times (0.5s+1) \times \frac{25}{(s^2+6s+25)}$$

该系统由一个比例环节(比例系数为 $k=100$)、两个积分环节、一个一阶微分环节($\omega_1 = 2s^{-1}$)和一个振荡环节($\omega_1 = 5s^{-1}$)组成,低频段过点$(1, 20\lg k)$,其伯德图如4.33所示。

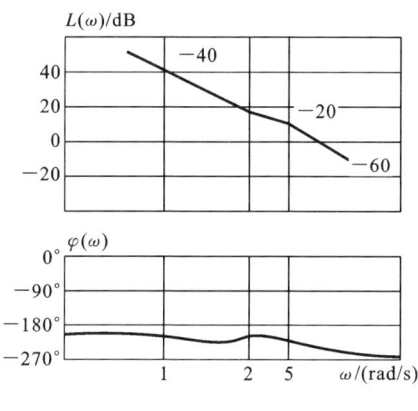

图 4.33 例 4-34 图

习　题

4-1 何谓频率响应？其频率特性又是什么？

4-2 什么是最小相位传递函数？其频率特性有何特点？

4-3 某放大器的传递函数 $G(s) = \dfrac{k}{Ts+1}$，现测得其频率响应，当 $\omega = 1$ rad/s 时，幅频 $A(\omega) = 12/\sqrt{2}$，相频 $\varphi(\omega) = -45°$。试确定放大系数 k 和时间常数 T。

4-4 某单位反馈系统的开环传递函数为 $G(s) = \dfrac{5}{3s+2}$，当输入分别为 $x_i(t) = \dfrac{1}{5}\sin(\dfrac{2}{3}t + 45°)$、$x_i(t) = 2\sin t + \cos(2t - 45°)$ 时，试分别求其稳态输出。

4-5 某单位反馈控制系统的开环传递函数为 $G_k(s) = \dfrac{5}{s(s+1)}$,试确定:

(1) 该系统的固有频率 ω_n 及阻尼比 ξ;
(2) 该系统的单位阶跃响应。

4-6 已知控制系统的开环传递函数如下,试概略绘制系统的开环频率特性极坐标图(奈奎斯特图),并在图中标识 $\omega \to 0$、$\omega \to \infty$ 特殊点,指出曲线与坐标轴的交点有何意义。

(1) $G_k(s) = \dfrac{k}{s^3}$

(2) $G_k(s) = \dfrac{1}{1+0.1s}$

(3) $G_k(s) = \dfrac{10}{s(2s+1)(3s+1)}$

(4) $G_k(s) = \dfrac{100}{(s+10)(s+50)}$

(5) $G_k(s) = \dfrac{15}{s^2(s+1)}$

(6) $G_k(s) = \dfrac{100}{s(s^2+8s+100)}$

(7) $G_k(s) = \dfrac{s+3}{s(2s-1)}$

(8) $G_k(s) = 10e^{-0.1s}$

第 4 章 控制系统的频域分析

4-7 已知 4 个最小相位系统,其开环对数幅频特性(伯德图)分别如图 4.34(a)(b)(c)(d)所示。试分别指出系统的组成,并求取其开环传递函数 $G_k(s)$。

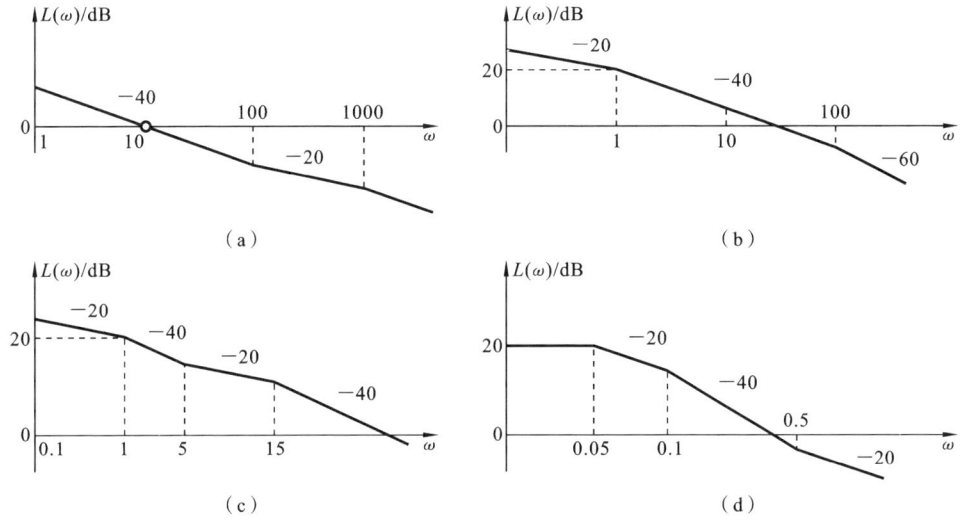

图 4.34 题 4-7 图

4-8 试求函数 $G(j\omega)=\dfrac{1}{j\omega(2j\omega+3)}$ 的实频特性 $U(\omega)$、虚频特性 $V(\omega)$、幅频特性 $A(\omega)$、相频特性 $\varphi(\omega)$。

4-9 设 6 个系统的开环奈奎斯特图分别如图 4.35(a)(b)(c)(d)(e)和(f)所示，p 为系统开环右极点数。试分别判别系统闭环的稳定性，并简要说明理由。

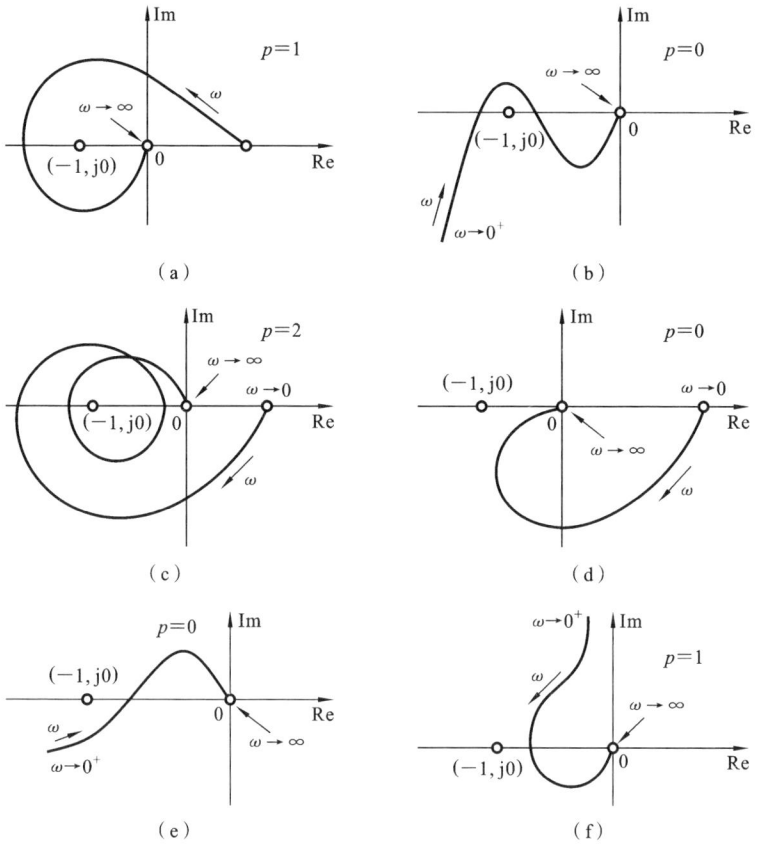

图 4.35　题 4-9 图

4-10 图 4.36 所示是一个有速度反馈的控制系统,b 为速度反馈系数。通过与欠阻尼二阶系统进行比较,试求:

(1) 不存在速度反馈($b=0$)时,系统的阻尼比 ξ 和无阻尼自振频率 ω_n。

(2) 当有速度反馈且 $\xi=0.8$ 时,其速度反馈系数 b 和无阻尼自振频率 ω_n。

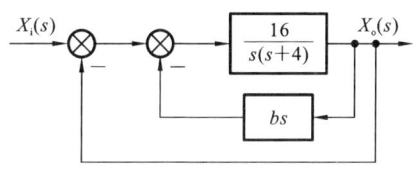

图 4.36 题 4-10 图

4-11 试绘制下列各开环传递函数的伯德图,要求在图上有相应的标注。

(1) $G_k(s) = 5(1+2s)$

(2) $G_k(s) = \dfrac{10}{s(s+1)}$

(3) $G_k(s) = \dfrac{10}{s(s+2)}$

(4) $G_k(s) = 10 + 2s + \dfrac{1}{s}$

(5) $G_k(s) = \dfrac{10s}{(s+2)}$

(6) $G_k(s) = \dfrac{s+5}{s^2+2s+9}$

(7) $G_k(s) = \dfrac{200(s+5)}{s(s^2+8s+100)}$

(8) $G_k(s) = \dfrac{10(5s+1)}{s^2(s+1)(10s+1)}$

4-12 某系统的开环传递函数为 $G_k(s) = \dfrac{1000(0.2s+1)}{s(s+1)(s^2+2s+100)}$。试绘制其开环对数频率特性曲线(伯德图),要求在图上标示出各环节的转折频率、斜率、幅值交界频率、相位交界频率、幅值裕量及相位裕量。

4-13 图 4.37 所示为某系统的方框图,$R(s)$ 为输入,$C(s)$ 为输出。当 $r(t) = \sin 5t$ 时,系统频率响应的稳态响应为 $c(t) = 0.5\sin(5t - 90°)$,试求系统的阻尼比 ξ 和无阻尼自振频率 ω_n。

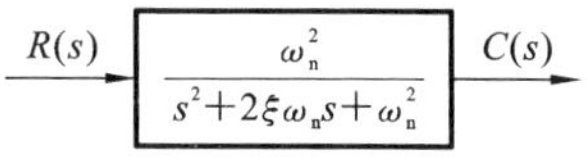

$$R(s) \rightarrow \boxed{\dfrac{\omega_n^2}{s^2 + 2\xi\omega_n s + \omega_n^2}} \rightarrow C(s)$$

图 4.37 题 4-13 图

4-14 已知某闭环系统框图如图 4.38 所示,解答以下问题。

(1) 试用劳斯判据判断该系统是否稳定。

(2) 若绘制该系统的开环对数幅频特性曲线(伯德图),其低频段的渐近线斜率是多少?

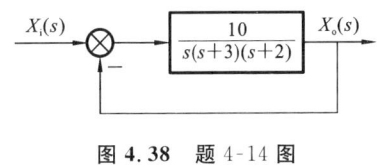

图 4.38 题 4-14 图

4-15 已知单位反馈系统的开环传递函数为 $G_k(s) = \dfrac{1}{s(0.1s+1)(s+1)}$,应用奈奎斯特稳定性判据论证系统是否稳定。

4-16 为使图 4.39 所示系统的截止频率 $\omega_r = 100$ rad/s，T 值应为多少？

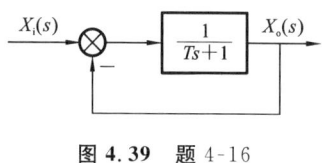

图 4.39 题 4-16

4-17 设单位反馈系统的开环传递函数为 $G_k(s) = \dfrac{10}{(0.2s+1)(0.02s+1)}$，试求闭环系统的谐振频率 ω_r、谐振峰值 M_r 及截止频率 ω_b。

4-18 设单位反馈系统的开环传递函数为 $G_k(s) = \dfrac{k}{s(0.1s+1)(s+1)}$，试确定：

（1）使系统的谐振峰值 $M_r = 1.4$ 的 k 值；
（2）使系统的相位裕量 $\gamma = 60°$ 的 k 值；
（3）使系统的幅值裕量 $k_g = 20$ dB 的 k 值。

4-19　某单位反馈的二阶Ⅰ型系统,其最大超调量 $M_p = 16.3\%$,峰值时间 $t_p = 114.6$ ms,试求系统开环传递函数 $G(s)$,并求出闭环谐振峰值 M_r 及谐振频率 ω_r。

4-20　试判断图 4.40 所示系统的稳定性。

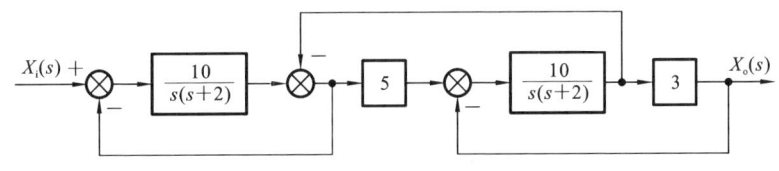

图 4.40　题 4-20 图

4-21 若系统的开环传递函数为 $G_k(s) = \dfrac{1-2s}{(1+2s)(1+s)}$，试判定系统的稳定性，并计算系统的相位裕量 $\gamma(\omega_c)$ 和幅值裕量 k_g。

4-22 由质量、弹簧、阻尼器组成的机械系统如图 4.41 所示。已知：k 为弹簧的刚度，B 为系统的阻尼，$m=1$ kg。若外力 $f(t)=2\sin 2t$，由试验得到系统稳态响应为 $x_\mathrm{o}=2.5\sin\left(2t-\dfrac{\pi}{2}\right)$，试确定 k 和 B 的值。（提示：先建立系统微分方程，得到其传递函数，再求取幅频和相频特性。）

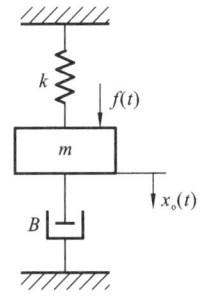

图 4.41 题 4-22 图

（扫描二维码可查看习题参考答案）

第 5 章 控制系统的综合与校正

内 容 提 要

为了改善控制系统的性能,常需校正系统的特性。本章阐述了系统的基本控制规律及特性,校正的原理及方法。具体内容如下。

(1) 控制系统的基本控制规律有比例控制、微分控制、积分控制。应用这些基本控制规律的组合构成校正装置,附加在系统中,可以达到校正系统特性的目的。

(2) 无论用何种方法去设计校正装置,都表现为改善数学模型的过程。频率特性法设计校正装置的实质是使校正后系统实际开环频率特性与希望的开环频率特性相匹配。

(3) 基于比例控制、微分控制、积分控制等控制装置的功能,将其正确引入系统,是实现极点配置或开环频率特性匹配的有效手段。

(4) 根据校正装置在系统中的位置,校正方式可划分为串联校正、反馈校正和复合校正;根据校正装置构成元件,校正方式可分为无源校正和有源校正;根据校正装置的特性,校正方式可划分为相位超前校正、相位滞后校正及相位滞后-超前校正。

(5) 串联校正装置(特别是有源校正装置)设计比较简单,也容易实现,应用比较广泛。由于运算放大器性能高(输入阻抗及增益极高,输出阻抗极低),价格低廉,用它构成校正装置性能优越,因此串联校正几乎全部采用有源校正装置。

(6) 若需改善控制系统某部分的性能,则需采用反馈校正。

例 题

例 5-1 图 5.1(a)所示为某单位反馈控制系统方框图,试绘制其开环对数频率特性曲线(伯德图),并标明斜率和各种频率;若对该系统实施串联校正,如图 5.1(b)所示,试分析系统的性能变化。

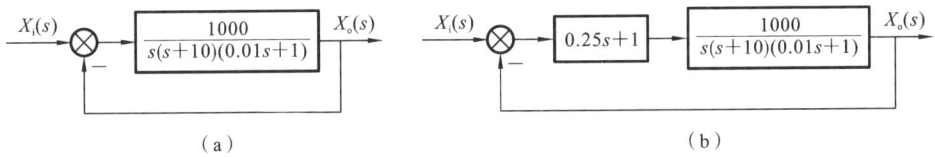

(a)   (b)

图 5.1 单位反馈控制系统方框图

解 系统开环传递函数为

$$G(s) = \frac{100}{s(0.1s+1)(0.01s+1)}$$

其伯德图如图 5.2 所示。

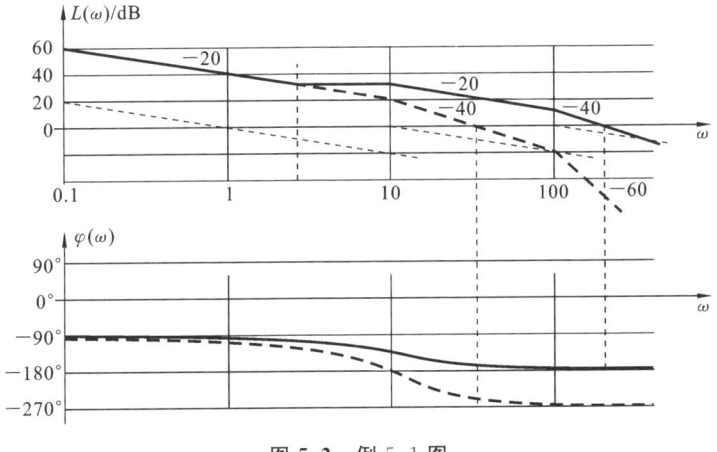

图 5.2 例 5-1 图

若对该系统实施串联校正,校正后,系统的幅值穿越频率提高,系统的动态性能增强,进而快速性提高;相位裕量增大,系统的稳定性提高;在高频段,系统幅值衰减变缓,抗干扰能力下降。

例 5-2 设某单位负反馈控制系统的开环传递函数为 $G(s) = \dfrac{K}{s(0.5s+1)}$,在单位速度信号作用下,稳态误差 $e_{ss} = 0.02$,试设计开环放大系数 K,并确定该 K 值下的相位裕量。如系统再增加相位裕量,如何进行 P 校正?并在图上示意。

解 由开环传递函数知,系统为 I 型系统,增益为 K,故在单位速度信号作用下,稳态误差如下:

$$e_{ss} = \frac{1}{K_v} = \frac{1}{K} = 0.02$$

即

$$K = 50$$

绘出系统的开环伯德图如图 5.3 所示。

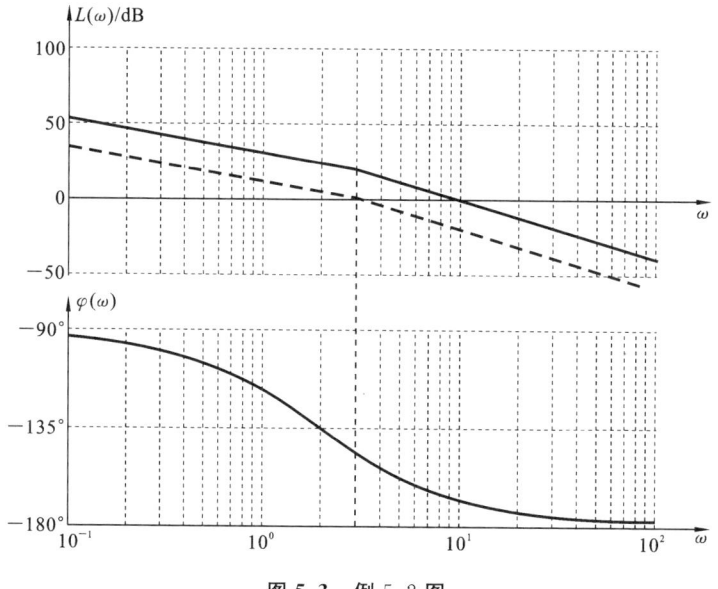

图 5.3 例 5-2 图

采用 P 控制,相位裕量增加,必须有 $K_p < 1$,即对数幅频特性曲线下移,如图 5.3 中虚线所示。

例 5-3 在如图 5.4 所示的 PI 控制系统中,校正前系统的开环传递函数为 $G(s) = \dfrac{K}{s(Ts+1)}$,试分析 PI 控制器对改善给定系统稳态性能和稳定性的作用。

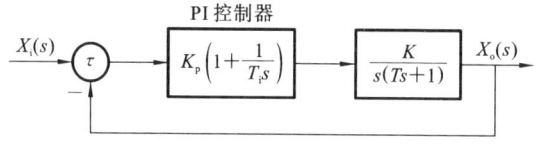

图 5.4 PI 控制系统

解 采用 PI 校正前,系统的开环传递函数为 $G_{ko}(s)=\dfrac{K}{s(Ts+1)}$,系统为 I 型系统。采用 PI 校正后,系统的开环传递函数为

$$G_k(s)=\dfrac{KK_p(T_i s+1)}{T_i s^2(Ts+1)}$$

系统由 I 型提高到 II 型,系统的稳态性能得到改善($K_p>1$、$K_p<1$、$K_p=1$ 情况)。

采用 PI 控制器后,闭环系统的特征方程为

$$T_i T s^3 + T_i s^2 + KK_p T_i s + KK_p = 0$$

其中 T、T_i、K_p、K 皆为正数,特征方程自变量 s 的各次幂的系数均大于零,满足系统稳定的必要条件。

只要合理选择系统参数,采用 PI 校正的 I 型系统完全可以做到既能保证闭环稳定性,又能提高稳态性能($K_p>1$、$K_p<1$、$K_p=1$ 情况)。

例 5-4 某 I 型系统的伯德图如图 5.5 中曲线 1 所示,引入 PI 校正如图中曲线 2 所示,试绘制引入 PI 校正后系统的伯德图,并讨论系统的稳态误差、稳定性和动态性能的变化情况。

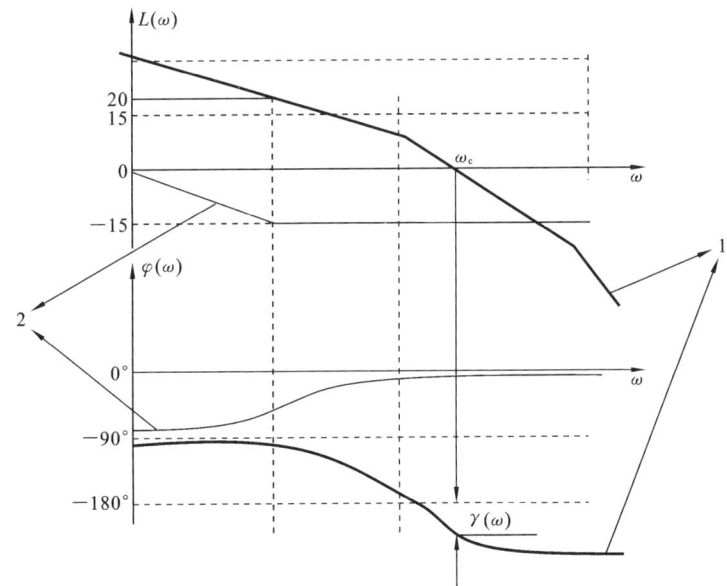

图 5.5 I 型系统伯德图

解 引入 PI 校正后,系统伯德图如图 5.6 所示。

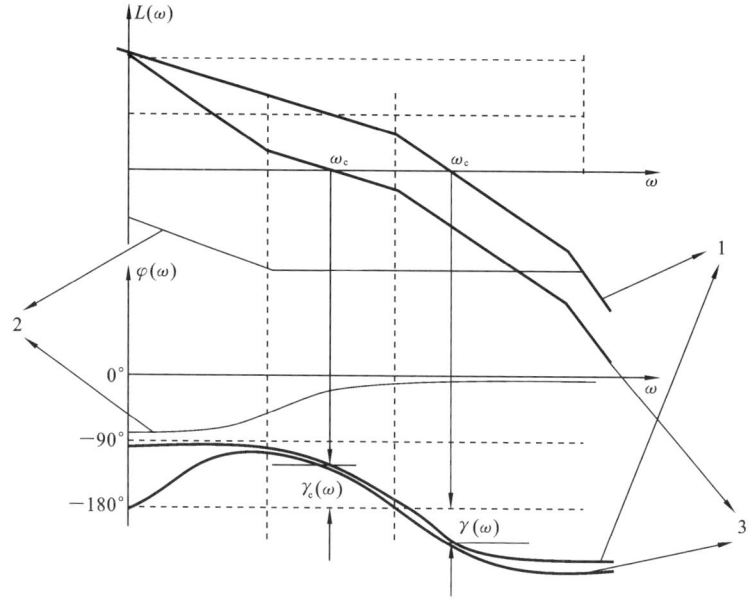

图 5.6 例 5-4 图

系统从 Ⅰ 型提高到 Ⅱ 型,因而系统的稳态误差得以减小或消除,进一步改善了系统的稳态性能。系统的相位裕量增大,使系统的稳定性提高。但幅值穿越频率 ω_c 减小,快速性变差,即系统的动态性能有所下降。

例 5-5 已知最小相位系统的对数幅频特性曲线(伯德图)如图 5.7 所示,解答以下问题。

(1) 该系统的开环传递函数 $G_k(s)$ 是什么?

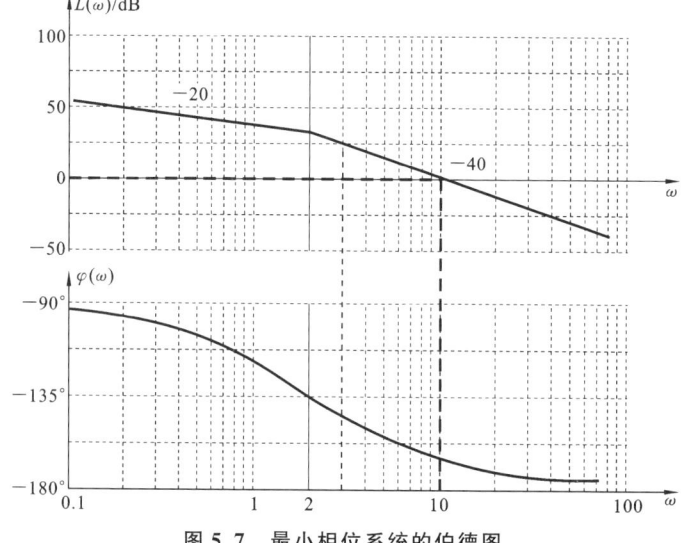

图 5.7 最小相位系统的伯德图

(2) 计算系统的相位裕量。

(3) 如采用串联 P 校正,使相位裕量为 45°,求 P 校正的 K_p 值,并在图中标识校正后的伯德图。

解 (1) 由图 5.7 知,系统为 I 型系统,含有比例、积分和惯性环节,惯性环节转折频率为 2 rad/s,渐近线经过点 $(10,0)$,则有

$$20\lg K - 20\lg\omega - 20\lg 0.5\omega|_{\omega=10} = 0$$

求得

$$G_k(s) = \frac{50}{s(0.5s+1)}$$

(2) 由(1)知,系统的幅值穿越频率为

$$\omega_c = 10$$

系统的相位裕量为

$$\gamma = 180° + \varphi(\omega_c) = 180° - 90° - \arctan(0.5\omega_c) = 11.31°$$

(3) 采用 P 控制,相位裕量增加,必须有 $K_p < 1$,即对数幅频特性曲线下移。系统的相位裕量为

$$\gamma = 180° + \varphi(\omega_c) = 180° - 90° - \arctan(0.5\omega_c) = 45°$$

则有

$$\omega_c = 2$$

由 $20\lg K - 20\lg\omega - 20\lg 0.5\omega|_{\omega=2} = 0$,求得

$$K = 2, \quad 即 \quad K_p = \frac{2}{50} = 0.04$$

作出系统的开环伯德图如图 5.8 所示。

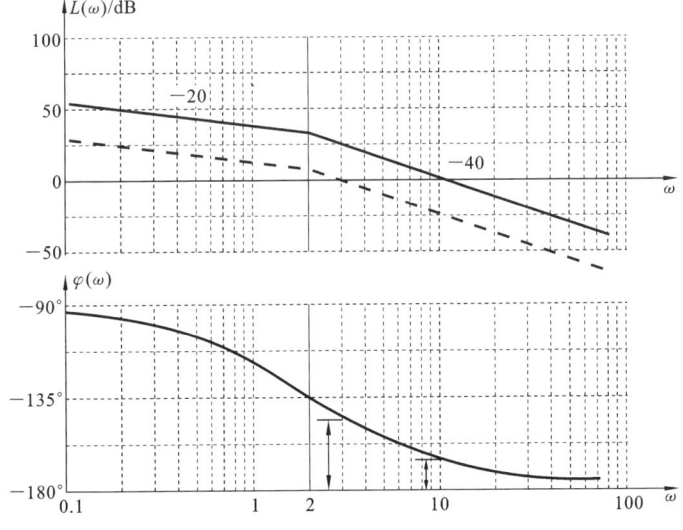

图 5.8 例 5-5 图

习 题

5-1 采用传递函数为 $G_c(s) = \dfrac{1+0.456s}{1+0.114s}$ 的装置对系统进行校正，求校正装置的最大超前相角和产生最大超前相角的频率。

5-2 已知 PI 控制器为 $G_c(s) = 5\left(1+\dfrac{1}{2s}\right)$，PD 控制器为 $G_c(s) = 5(1+0.5s)$，PID 控制器为 $G_c(s) = 30.32\dfrac{(s+0.65)^2}{s}$。试画出它们的伯德图，简要分析其性能，并说明其作为串联控制器使用时所适用的对象。

5-3 设某控制系统的方框图如图 5.9 所示。图中

$$G_1(s)=\frac{K_1}{0.014s+1}, \quad G_2(s)=\frac{12}{(0.1s+1)(0.02s+1)}, \quad G_3(s)=\frac{0.0025}{s}$$

K_1 在 6000 以内可调。试设计反馈校正装置特性 $G_c(s)$，使系统满足下列性能指标：

(1) 静态速度误差系数 $K_v \geqslant 150$；

(2) 单位阶跃输入下的超调量 $\sigma\% \leqslant 40\%$；

(3) 单位阶跃输入下的调节时间 $t_s \leqslant 1\ \mathrm{s}(\Delta=2\%)$。

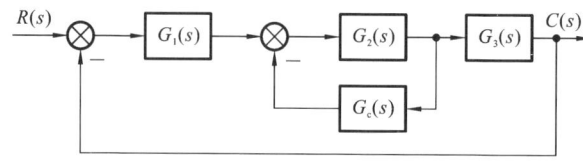

图 5.9 题 5-3 图

5-4 设单位反馈系统的开环传递函数
$$G(s)=\frac{K}{s(0.1s+1)(0.01s+1)}$$
试设计串联校正装置,使系统特性满足下列指标:

(1) 静态速度误差系数 $K_v \geqslant 250$;

(2) 截止频率 $\omega_b \geqslant 30$ rad/s;

(3) 相角裕度 $\gamma(\omega_c) \geqslant 45°$。

5-5 设复合校正控制系统框图如图 5.10 所示。若要求闭环回路过阻尼,且系统在斜坡输入作用下的稳态误差为零,试确定 K 值及前馈补偿装置 $G_c(s)$。

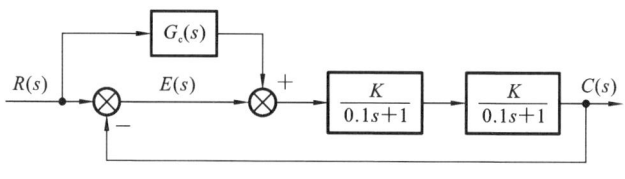

图 5.10 题 5-5 图

附加参考题

填 空 题

1. 传递函数的定义是对于线性定常系统,在_____条件下,系统输出量的拉氏变换与_____之比。

2. 频率响应是当_____作用于稳定的线性系统时,系统输出的_____为同频率的正弦信号。

3. 系统的开环传递函数在 s 平面右半平面内没有_____和_____,则该系统称为最小相位系统。

4. 对控制系统进行性能分析,有_____法和_____法,也有_____法和_____法。

5. 控制系统的时间响应,可以划分为瞬态和稳态两个过程。瞬态过程是指系统从_____到接近最终状态的响应过程;稳态过程是指时间 t 趋于_____时系统的输出状态。

6. 对于欠阻尼状态下的二阶系统,当阻尼比 ξ 不变时,随着无阻尼固有频率 ω_n 的增大,其峰值时间 t_p _____,而振荡次数 N 只与系统的_____有关。

7. 频率响应是系统对正弦输入的稳态响应,频率特性包括_____和_____两种特性。

8. 校正就是在系统中加入一些参数可调的装置,以改善系统的_____、_____性能,使系统满足给定的性能指标。那么校正的实质就是改变系统的_____和_____。

9. 控制系统的控制精度用稳态误差来表征,稳态误差越小,控制精度越高。控制系统的误差为原理性误差,它取决于系统的_____和_____以及_____的性质。

10. 二阶系统的动态性能由 ω_n 和 ξ 决定。ξ 增大,振荡_____,超调量 M_p 减小,振荡次数 N 减少,但系统快速性降低,t_r、t_p 增加。ξ 一定,ω_n 越大,系统响应快速性_____。

11. 控制系统应用于不同场合,对其有不同的性能要求,一般可归纳为_____性、_____性、_____性和_____性。

12. 如果系统受扰后偏离了原工作状态,扰动消失后,系统能自动恢复到原来的工作状态,这样的系统是_____。

13. 反馈控制系统开环对数幅频特性三频段的划分是以截止频率附近的区段为中频段,该段着重反映系统阶跃响应的_____性和_____性。

选 择 题

1. 系统的传递函数是在零初始条件下,其( )的拉氏变换与( )的拉氏变换之比。( )

  A. 输入、输出   B. 输出、偏差   C. 输出、输入   D. 偏差、输入

2. 某一系统的传递函数为 $G(s)=\dfrac{2}{s+2}$,当输入 $r(t)=2\sin2t$ 时,其稳态输出的幅值为( )。

  A. $\sqrt{2}$ B. $\sqrt{2}/2$ C. 2   D. 4

3. 奈奎斯特图上以原点为圆心的单位圆对应于伯德图上的( )。

  A. 1 dB 线   B. 0 dB 线   C. 10 dB 线   D. −1 dB 线

4. 二阶系统的动态性能指标中,调整时间 t_s 反映了系统的( )。

  A. 稳定性   B. 快速性   C. 准确性   D. 鲁棒性

5. 系统稳定的充分必要条件是系统传递函数的所有( )均具有负实部。

  A. 零点   B. 极点   C. 零点和极点   D. 拐点

6. 线性系统与非线性系统的根本区别在于( )。

  A. 线性系统微分方程的系数为常数,而非线性系统微分方程的系数为时变函数

  B. 线性系统只有一个外加输入,而非线性系统有多个外加输入

  C. 线性系统满足叠加原理,非线性系统不满足叠加原理

  D. 线性系统在实际中普遍存在,而非线性系统在实际中存在较少

7. 若系统传递函数的所有( )均在复平面 s 的左半平面,则该系统称为最小相位系统。

  A. 零点   B. 拐点   C. 极点   D. 零点和极点

8. 某系统的传递函数为 $G(s)=\dfrac{K(\tau s+1)}{s(Ts+1)}$,则其相位角 $\varphi(\omega)$ 可表达为( )。

  A. $\arctan\tau\omega-\arctan T\omega$ B. $-90°+\arctan\tau\omega-\arctan T\omega$

  C. $90°-\arctan T\omega+\arctan\tau\omega$ D. $\arctan\tau\omega+\arctan T\omega$

9. 二阶系统的传递函数为 $G(s)=\dfrac{2}{Ks^2+2s+1}$,当 K 增大时,其( )。

  A. 无阻尼自然频率 ω_n 增大,阻尼比 ξ 增大

  B. 无阻尼自然频率 ω_n 增大,阻尼比 ξ 减小

  C. 无阻尼自然频率 ω_n 减小,阻尼比 ξ 减小

D. 无阻尼自然频率 ω_n 减小,阻尼比 ξ 增大

10. 某系统的传递函数为 $G(s)=\dfrac{K}{Ts+1}$,则该系统时间响应的快速性(　　)。

A. 与 K 有关　　　　　　　　B. 与 K 和 T 有关

C. 与 T 有关　　　　　　　　D. 与输入信号大小有关

11. 若 $f(t)=te^{-2t}$,则 $L[f(t)]=$(　　)。

A. $\dfrac{1}{s+2}$　　B. $\dfrac{1}{(s+2)^2}$　　C. $\dfrac{1}{s-2}$　　D. $\dfrac{1}{(s-2)^2}$

12. 典型二阶系统的单位阶跃响应在阻尼比(　　)时为衰减振荡曲线。

A. $\xi=0$　　B. $\xi>1$　　C. $0<\xi<1$　　D. $\xi<0$

13. 关于开环频率特性曲线与闭环系统性能之间的关系,以下叙述不正确的是(　　)。

A. 开环频率特性的低频段表征了闭环系统的稳定性

B. 开环频率特性的中频段表征了闭环系统的动态特性

C. 开环频率特性的高频段表征了闭环系统的抗干扰能力

D. 开环频率特性的低频段的增益应充分大,以保证稳态误差的要求

14. 开环系统与闭环系统最本质的区别是(　　)。

A. 开环系统的输出对系统无控制作用,闭环系统的输出对系统有控制作用

B. 开环系统的输入对系统无控制作用,闭环系统的输入对系统有控制作用

C. 开环系统不一定有反馈回路,闭环系统有反馈回路

D. 开环系统不一定有反馈回路,闭环系统也不一定有反馈回路

15. 某一单位负反馈系统的开环传递函数为 $G(s)=\dfrac{K}{s(s+K)}$,则使该系统稳定的 K 值范围为(　　)。

A. $K>0$　　B. $K>1$　　C. $0<K<10$　　D. $K>-1$

16. 频率响应是指线性系统在正弦输入信号作用下的(　　)。

A. 输入　　B. 输出　　C. 稳态响应　　D. 复数比

17. 若 $f(t)=te^{-t}$,则 $L[f(t)]=$(　　)。

A. $\dfrac{1}{s+1}$　　B. $\dfrac{1}{(s+1)^2}$　　C. $\dfrac{1}{s-1}$　　D. $\dfrac{1}{(s-1)^2}$

18. 关于PID控制器各校正环节的作用,以下叙述中不正确的是(　　)。

A. 只要系统存在偏差,比例环节就有控制作用

B. 积分环节主要用于消除静态误差,提高系统的无差度

C. 微分环节能反映信号的变化趋势

D. PID能改善系统的稳态性能,对系统的快速性无影响

19. 若 $f(t)=te^{-3t}$,则 $L[f(t)]=($　　$)$。

A. $\dfrac{1}{s+3}$　　　B. $\dfrac{1}{(s+3)^2}$　　　C. $\dfrac{1}{s-3}$　　　D. $\dfrac{1}{(s-3)^2}$

20. 线性系统最重要的特性是（　　）。

A. 方程的系数是常数　　　　　　B. 方程的系数仅仅是自变量的函数
C. 可运用叠加原理　　　　　　　D. 不能用叠加原理

21. 二阶系统的传递函数为 $\dfrac{1}{16s^2+16s+1}$,阻尼比 ξ 和无阻尼固有频率 ω_n 分别为（　　）。

A. $2,\dfrac{1}{4}$　　　B. $\dfrac{1}{3},\dfrac{2}{3}$　　　C. $\dfrac{3}{2},\dfrac{1}{3}$　　　D. $\dfrac{1}{3},\dfrac{3}{2}$

22. 闭环控制系统的控制信号取决于（　　）。

A. 给定输入和反馈信号　　　　　B. 输入信号
C. 初始条件　　　　　　　　　　D. 初始条件和给定输入

23. 控制系统应用于不同场合,对其有不同的性能要求,下面哪一个不属于性能要求？（　　）

A. 稳定性　　　B. 快速性　　　C. 准确性　　　D. 可靠性

24. 控制系统中,（　　）。

A. 系统的型次越高,增益 K 越大,系统稳定误差越大
B. 系统的型次越高,增益 K 越大,系统稳定误差越小
C. 系统的阶次越高,增益 K 越大,系统稳定误差越小
D. 系统的阶次越高,稳态误差越大

25. 已知 $F(s)=L[f(t)]$,若 $F(s)=\dfrac{1}{s^2+2s+1}$,则 $f(t)|_{t\to\infty}=($　　$)$。

A. $\dfrac{1}{2}$　　　B. 1　　　C. $\dfrac{1}{3}$　　　D. 0

26. 系统的开环传递函数为 $G(s)=\dfrac{3(s+2)}{s(2s+3)(s+5)}$,则系统的开环增益和型次分别为（　　）。

A. 0.4,Ⅰ型　　　B. 0.4,Ⅱ型　　　C. 3,Ⅰ型　　　D. 3,Ⅱ型

27. 下列微分模型中,代表线性系统的是（　　）。

A. $16\dfrac{d^2 x_o(t)}{dt^2}+12\left(\dfrac{dx_o(t)}{dt}\right)^2+x_o(t)=\dfrac{dx_i(t)}{dt}$

B. $16\dfrac{d^2 x_o(t)}{dt^2}+12\dfrac{dx_o(t)}{dt}+24x_o(t)=x_i(t)$

C. $16\left(\dfrac{d^2 x_o(t)}{dt^2}\right)^2+12\dfrac{dx_o(t)}{dt}+24x_o(t)=x_i(t)$

D. $16\dfrac{d^2 x_o(t)}{dt^2}+e^t \cdot 12\dfrac{dx_o(t)}{dt}+24\ln(t) \cdot x_o(t)=x_i(t)$

28. 按照反馈的有无,控制系统可以分为( )。

A. 自动控制系统和人工控制系统

B. 自动调节系统、随动系统和程序控制系统

C. 开环控制系统和闭环控制系统

D. 恒值输入系统和伺服系统

29. 所谓校正(又称补偿)是指( )。

A. 加入 PID 校正器

B. 在系统中增加新的环节或改变某些参数

C. 使系统稳定

D. 使用劳斯判据

30. 若 $f(t-a)=\begin{cases} 0 & 0\leqslant t<a \\ 1 & t\geqslant a \end{cases}$,则 $L[f(t-a)]=($)。

A. $\dfrac{e^{-as}}{s}$ B. $\dfrac{e^{-s}}{s}$ C. $\dfrac{1}{s}$ D. $\dfrac{e^{as}}{s}$

31. 传递函数反映了系统的动态性能,它与下列哪项因素有关?( )

A. 输入信号   B. 初始条件

C. 系统的结构参数   D. 输入信号和初始条件

32. 某系统的微分方程为 $\dfrac{d^2 x_o(t)}{dt^2}+\dfrac{dx_o(t)}{dt}+x_o(t)=x_i(t)$,它是( )。

A. 线性时变系统   B. 非线性系统

C. 线性定常系统   D. 以上说法均不正确

33. 一阶系统 $\dfrac{K}{1+Ts}$ 的单位脉冲响应曲线在 $t=0$ 处的值为( )。

A. $\dfrac{K}{T}$ B. KT C. $-\dfrac{K}{T^2}$ D. $\dfrac{K}{T^2}$

34. 二阶系统的极点分别为 $s_1=-0.2, s_2=-10$,系统增益为 5,其传递函数为( )。

A. $\dfrac{2}{(s-0.2)(s-10)}$ B. $\dfrac{2}{(s+0.2)(s+10)}$

C. $\dfrac{5}{(s+0.2)(s+10)}$ D. $\dfrac{10}{(s+0.2)(s+10)}$

35. 由二阶振荡环节构成的系统,其最大超调量反映系统的( )。

A. 稳定性   B. 快速性   C. 稳态性能   D. 平稳性

36. 若输入函数 $x_i(t)=at+b$,则下列系统中存在稳态误差的是( )。

A. 0 型系统   B. Ⅰ型系统   C. Ⅱ型系统   D. Ⅲ型系统

37. 单位负反馈系统的开环传递函数 $G_k(s)=\dfrac{2(5s+1)}{s(10s+1)(0.25s+1)}$,其开环对数幅频特性曲线在 $\omega=1$ 处的斜率为( )。

A. -20 dB/dec B. -40 dB/dec C. -60 dB/dec D. -80 dB/dec

38. 单位负反馈控制系统的开环传递函数为 $G(s) = \dfrac{2(s-0.5)}{s(s+4)}$，系统闭环是（   ）。

A. 稳定的
B. 不稳定的
C. 临界稳定的
D. 稳定性不确定

39. 已知 $F(s) = \dfrac{5}{s(2s+1)}$，当 $t \to \infty$ 时，$f(t)$ 的值为（   ）。

A. 5 B. 2 C. 0 D. ∞

40. 某单位反馈系统的开环传递函数为 $G_k(s) = \dfrac{2s+1}{s(s+3)^2}$，其奈奎斯特图中 $\omega = 0^+$ 处的相位角是（   ）。

A. $-180°$ B. $-90°$ C. $0°$ D. $-270°$

41. 同一系统，不同输入信号和输出信号之间的特征方程（   ）。

A. 相同 B. 不同 C. 不存在 D. 不定

42. 设系统的开环频率特性 $G(j\omega) = \dfrac{4}{(1+j\omega)^3}$，当 $\omega = 1$ rad/s 时，其频率特性幅值为（   ）。

A. $2\sqrt{2}$ B. $\sqrt{2}$ C. $4\sqrt{2}$ D. $0.25\sqrt{2}$

43. 由二阶振荡环节构成的系统，其调整时间反映系统的（   ）。

A. 稳定性 B. 快速性 C. 稳态性能 D. 平稳性

44. 设系统的特征方程为 $D(s) = s^3 + 4s^2 + s + k$，则使此系统稳定的 k 值范围是（   ）。

A. $k > 0$ B. $0 < k < 4$ C. $k > 4$ D. $k < 0$

45. 某系统在速度信号输入作用下，其稳态偏差为一非零常数，则该系统是（   ）。

A. 0 型系统 B. Ⅰ型系统 C. Ⅱ型系统 D. Ⅲ型系统

46. 一系统的传递函数为 $G(s) = \dfrac{5}{s(3s+1)}$，则其相位角 $\varphi(\omega)$ 可表达为（   ）。

A. $-\arctan 3\omega$
B. $-90° - \arctan 3\omega$
C. $90° - \arctan 3\omega$
D. $\arctan 3\omega$

47. 某环节的传递函数为 $G(s) = \dfrac{1}{5s+1}$，它是（   ）环节。

A. 延时环节 B. 比例环节 C. 惯性环节 D. 积分环节

48. 若已知某串联校正装置的传递函数为 $G(s) = \dfrac{s+4}{s+10}$，则它是一种（   ）。

A. 相位滞后校正 B. 相位超前校正

C. 相位滞后-超前校正　　　　　　　　D. 相位超前-滞后校正

49. 瞬态响应的性能指标是根据(　　)输入信号作用下的瞬态响应定义的。
A. 单位脉冲函数　　　　　　　　　　B. 单位阶跃函数
C. 单位正弦函数　　　　　　　　　　D. 单位斜坡函数

50. 闭环控制系统的主反馈取自(　　)。
A. 给定输入端　　　　　　　　　　　B. 干扰输入端
C. 控制器输出端　　　　　　　　　　D. 系统输出端

51. 典型二阶系统的单位阶跃响应在阻尼比(　　)时为衰减振荡曲线。
A. $0<\xi<1$　　　B. $\xi>1$　　　C. $\xi=0$　　　D. $\xi<0$

52. 单位加速度信号 $f(t)=t^2/2$ 的拉氏变换 $F(s)$ 是(　　)。
A. $1/s$　　　B. $1/s^3$　　　C. $1/s^2$　　　D. $1/(s+1)$

53. 系统开环传递函数为 $G(s)=\dfrac{10(s+2)}{s(s+5)}$，此系统为(　　)系统。
A. 0 型　　　B. Ⅰ 型　　　C. Ⅱ 型　　　D. Ⅲ 型

54. 某环节在恒值输入作用下的输出随时间按指数规律上升，则该环节为(　　)。
A. 比例环节　　　B. 惯性环节　　　C. 积分环节　　　D. 微分环节

55. 若系统的开环传递函数为 $G(s)=\dfrac{150}{s(s+3)(2s+5)}$，则其开环增益为(　　)。
A. 100　　　B. 50　　　C. 20　　　D. 10

56. PID 调节器的比例部分主要调节系统的(　　)。
A. 增益　　　B. 固有频率　　　C. 阻尼比　　　D. 相频特性

57. 比例微分校正将使系统的(　　)。
A. 抗干扰能力下降　　　　　　　　　B. 抗干扰能力增加
C. 稳态精度增强　　　　　　　　　　D. 稳态精度减小

58. 线性系统的输入信号为 $x_i(t)=\sin\omega t$，则其稳态输出信号响应频率为(　　)。
A. ω　　　B. ω_n　　　C. $j\omega$　　　D. $j\omega_n$

59. 惯性环节的转折频率越大，其(　　)。
A. 输出响应越慢　　　　　　　　　　B. 输出响应越快
C. 输出响应精度越高　　　　　　　　D. 输出响应精度越低

60. Ⅰ型系统的开环频率特性曲线在复平面上(　　)。
A. 始于 $G(j0)=\infty\angle-180°$ 的点，终于坐标原点
B. 始于 $G(j0)=\infty\angle-90°$ 的点，终于坐标原点
C. 始于 $G(j0)=\infty\angle-180°$ 的点，终于实轴上任意点
D. 始于 $G(j0)=\infty\angle-180°$ 的点，终于虚轴上任意点

61. 一个系统的稳定与否取决于(　　)。
A. 系统的结构和参数　　　　　　B. 系统的输入
C. 系统的干扰　　　　　　　　　D. 系统的初始状态

简 答 题

1. 控制系统的稳态误差是原理性误差,它取决于什么?

2. 系统开环放大系数(开环增益)增大时,系统的稳定性、响应快速性、稳态误差有什么变化?并说明理由。

3. 何谓频率响应?何谓幅频特性?何谓相频特性?

4. 系统的闭环频域性能指标有哪些?它们分别描述系统的什么性能?

5. 系统校正的实质是什么?在 PID 中,微分环节和积分环节的作用是什么?

6. 何谓系统的数学模型?

7. 一阶惯性环节的传递函数是什么? 其时间常数 T 有什么特点?

8. 闭环控制原理是什么?

9. 何谓反馈? 反馈的物理含义是什么?

10. 何谓系统稳定性? 稳定性的物理含义是什么? 系统稳定的充分必要条件是什么?

11. 频率特性是工程中最重要的概念之一,何谓频率特性?

12. 控制系统的工作原理是什么?

13. 已知零初始条件下某系统的单位脉冲响应,能否求出该系统的闭环传递函数？若可以,如何求？

14. 在控制系统校正中,常用的性能指标有哪些？

15. 什么是系统的传递函数？

16. 何谓控制系统？开环系统与闭环系统有哪些区别？

（扫描二维码可查看习题参考答案）

参 考 文 献

[1] 王积伟,吴振顺.控制工程基础[M].3版.北京:高等教育出版社,2019.

[2] 胡寿松.自动控制原理[M].6版.北京:科学出版社,2016.

[3] 李家星.自动控制原理同步辅导及习题全解[M].6版.北京:中国水利水电出版社,2015.

[4] 董景新,赵长德,郭美凤,等.控制工程基础[M].4版.北京:清华大学出版社,2015.

[5] 熊良才,杨克冲,吴波.机械工程控制基础学习辅导与题解[M].修订版.武汉:华中科技大学出版社,2013.

[6] 杨叔子,杨克冲.机械工程控制基础[M].6版.武汉:华中科技大学出版社,2011.

[7] 李友善.自动控制原理[M].3版.北京:国防工业出版社,2005.